DU CHOIX

DE

L'ÉLEVAGE ET DE L'ENTRAINEMENT

DES TROTTEURS

PAR

M. le comte de MONTIGNY

Avec 2 gravures sur bois.

PARIS

LIBRAIRIE MILITAIRE DE J. DUMAINE

LIBRAIRE-ÉDITEUR

Rue et Passage Dauphine, 30

1879

DU CHOIX

DE L'ÉLEVAGE ET DE L'ENTRAINEMENT

DES TROTTEURS.

Paris. — Imprimerie J. DUMAINE, rue Christine, 2.

DU CHOIX

DE

L'ÉLEVAGE ET DE L'ENTRAINEMENT

DES TROTTEURS

PAR

M. le comte de MONTIGNY

PARIS

LIBRAIRIE MILITAIRE DE J. DUMAINE

LIBRAIRE-ÉDITEUR

Rue et Passage Dauphine, 30

1879

AVANT-PROPOS

La question de l'entraînement a été traitée en Angleterre par des hommes d'une incontestable compétence, et c'est de ce pays que nous viennent les bonnes traditions. Cependant le training appliqué aux trotteurs n'a point été l'objet d'études spéciales, et le célèbre entraîneur américain Hiram Woodruff est le seul grand praticien dont il nous soit parvenu quelques notions et quelques précieux conseils sur la préparation et la conduite du trotteur.

Les procédés universellement admis pour le training, et qui ont pour base la physiologie, trouvent évidemment leur emploi rationnel et à peu près identique, soit qu'il s'agisse du *racer*, soit qu'ils s'appliquent au *trotting horse*; cependant comme l'allure n'est point la même dans l'un et dans l'autre, comme le degré de sang n'est point non plus le même, on est

autorisé à en conclure que l'application du
principe commun doit être modifiée en vue
d'un résultat distinct et bien différent. La connaissance pratique que nous avons acquise de
cette partie intéressante de l'élevage, les fautes
nombreuses et regrettables que nous avons vu
commettre par des propriétaires d'animaux précieux, victimes d'un mauvais entraînement,
nous ont décidé à rassembler et à méthodifier
nos idées et celles des divers écrivains, et à en
former cet opuscule destiné, nous l'espérons, à
épargner quelques déceptions et quelques dé-
boires aux amateurs, plus nombreux chaque
our, de courses au trot.

Nous avons cru devoir dans la plupart des
cas, nous renfermer dans les généralités ; les
détails et les exceptions devant rester à l'appréciation de l'homme de cheval. La nature est si
variable dans ses produits et les conditions des
sujets si multiples, qu'il est impossible de tout
prévoir, de tout analyser et de préciser, dans
toutes les éventualités, ce qu'il faut faire ou
éviter. Le sentiment, l'instinct, le tact, en un
mot, qui se développe par la pratique et l'observation, peuvent seuls guider sûrement l'entraîneur dont nous nous bornons à éveiller l'at-

tention et que nous cherchons à mettre sur ses
gardes.

Nous donnons à la fin de cet essai un
certain nombre de recettes propres à seconder
une bonne hygiène et à porter remède aux
accidents ou affections dont peuvent être at-
teints les chevaux en training. Elles ne réclament point la science de l'homme de l'art,
qu'il ne faudrait cependant jamais hésiter
à appeler à son aide dans tous les cas qui ont un
certain caractère de gravité. Il en coûte cher,
souvent, pour avoir recours à l'empirisme ou
pour se confier dans ses propres lumières, qui
n'ont point eu pour point de départ une étude
approfondie.

Nous espérons que nos lecteurs verront dans
cette publication la preuve nouvelle de notre
dévouement à la cause de l'élevage français et
comprendront par les deux planches dont nous
l'avons illustrée, l'idée que nous avons du trotting français, représenté par ce qu'il a jamais
produit de plus beau et de meilleur. Si nous
possédions encore le vénérable marquis de
Croix, ce grand et intelligent éleveur qui a
cherché pendant tant d'années à démontrer que
la France pouvait aussi sur le turf des trotteurs

occuper le premier rang de la production, nous lui aurions humblement dédié ce livre, mais puisqu'il ne nous reste aujourd'hui que des souvenirs, n'est-ce pas rendre un dernier et bien naturel hommage à sa mémoire, que de placer sous les yeux de nos lecteurs, deux des types les plus parfaits de l'élevage du si justement célèbre haras de Serquigny?

N'oublions pas qu'en France surtout l'élevage du cheval trotteur doit, avant tout, faire le bon cheval de service, et résoudre ce problème « le bon dans le beau », c'est-à-dire le sang, les longues lignes, les grandes actions et la résistance, associés à la vitesse.

Comte DE MONTIGNY.

IMPÉTUEUSE.

ESPÉRANCE.

IMPÉTUEUSE

Pedigree et performances extraits du *Livre des Trotteurs*, publié à Bruxelles.

Baie, née chez M. le marquis de Croix, à Serquigny en 1847 ; son père *Invincible*, étalon de race pure; sa mère, *Mélanie*, jument anglaise, de chasse.

1851. Elle gagna 400 fr. à Saint-Omer, battant 6 concurrents, dans une épreuve de 4,000 mètres, au tilbury en 9′ 40″; 700 fr. à Caen, battant *Duchesse* et 4 autres, dans une épreuve de 2,000 mètres en 4′ 19″ 3/5; 400 fr. au Mans, battant *Nina* et 4 autres dans une épreuve de 3,000 mètres en 5′ 36″.

1852. 400 fr. à Saint-Omer, battant 5 chevaux dans une épreuve de 4,000 mètres au tilbury en 9′ 40″; 500 fr. au Mans, battant *de Thou* et 4 autres dans une épreuve de 4,000 mètres.

1853. Elle gagna un pari considérable en parcourant au tilbury sur la route de Bernay à Evreux une distance de 24 kilom. en 52′ 4″.

1854. Elle fournit une épreuve extraordinaire en faisant la route de Paris à Chantilly et de Chantilly à Paris 42 kilom. en 3 heures 30″.

Elle devait fournir cette épreuve en 3 heures, et elle eût gagné dans un temps bien moindre, si par suite d'une circonstance regrettable elle n'eût perdu un temps précieux à se défendre, lorsque, de retour à Paris, et en vue du chemin de son écurie il lui fallut retourner sur ses pas pour faire le tour de l'arc de triomphe de l'Etoile et revenir à la barrière du Roule pour compléter les 84 kilomètres.

ESPÉRANCE

Pedigree et performances extraits du même ouvrage.

Baie, née à Bernay, chez M. Guerrie, en 1858, élevée par M. le marquis de Croix, à Serquigny. Son père *Phenomenon*, trotteur anglais, sa mère la *Mal-Jugée*, jument normande, issue en 1850 de *Rob-Roy* et d'une jument anglaise.

1861. 400 francs à Falaise, battant *Surprenante* dans une épreuve de 4,000 mètres en 9' 5"; 500 fr. à Avranches, 4,000 mètres en 9' 14"; 800 fr. à la même réunion, 4,000 mètres en 9' 24.

1862. 1,800 fr. à Rouen battant *Xilia*, le trotteur anglais *Grey* et 7 autres, 4,500 mètres en 8' 14"; 1,000 fr. à Caen, 4,000 mètres au tilbury en 7' 22"; 1,500 fr. même réunion en paire avec *Yelva*, 4,000 mètres en 8' 22";

1,200 fr. au Pin, battant *Yelva*, *Fridoline*, *Cantinière* et 2 autres, 4,000 mètres en 7 46″; 1,200 fr. à Saint-Lô, battant *Miss Pieree*, *Fridoline*, *Yelva* et *Norma*, 4,000 mètres en 6′ 51″; 400 fr. à Montagne, battant *Nizam*, 4,000 mètres en 8′ 50″.

1863. 500 fr. au Neufbourg, battant un champ nombreux dont faisait partie le trotteur anglais *Grey*, 13,000 mètres au tilbury, sur 3 routes, avec 5 angles, un droit et deux aigus et par un vent affreux, en 24′ 56″; 3° à Rouen dans une épreuve de 4,580 mètres au tilbury, gagnée par *Express*, auquel elle rendait 50″; elle fournit son épreuve en 8′ 19″.

Cette splendide jument, douée d'actions exceptionnelles et qui ne furent peut-être surpassées que par celles d'*Y*, est venue, par le développement graduel de ses grands moyens, confirmer ce principe dont on tient généralement trop peu de compte, qu'un cheval de bonne origine, qu'on sait attendre, acquiert chaque année un accroissement notable de vitesse et de résistance.

DU CHOIX

DE L'ÉLEVAGE ET DE L'ENTRAINEMENT

DES TROTTEURS.

L'élevage, stimulé et encouragé sur tous les points de la France par les sociétés hippiques et par l'Etat, est aujourd'hui convaincu de l'utilité des courses au trot pour faire de bons chevaux de service et leur donner toute leur valeur aux yeux des consommateurs. L'exemple est parti de la Normandie, qui possède l'élite de la production et aussi l'élite des hommes de cheval vraiment initiateurs et sachant tirer parti des richesses du sol; aussi la Normandie a-t-elle tenu la corde et, jusqu'à ce jour, arrive-t-elle la première au poteau. Elle trace la voie où bien d'autres la suivent et la suivront sans découragement comme sans défaillance.

Le moment n'est-il pas opportun, et même tout à fait choisi, pour mettre sous les yeux de nos lecteurs une étude spéciale de la question

1

qui occupe tant d'agriculteurs et sur laquelle ils n'ont eu jusqu'à ce jour que des données théoriques un peu vagues et égrenées dans nos journaux hebdomadaires ? A ceux qui savent et qui doivent à l'expérimentation ce véritable savoir qui se passe d'enseignements, nous dirons : Transmettez à ceux qui ignorent le fruit de notre expérience si vous l'approuvez ; quant aux néophytes et à ceux qui procèdent par tâtonnements et par essais, nous nous permettrons de leur indiquer la lecture de ce travail qui n'est, après tout, que le résumé des pratiques et des théories des hommes qui ont traité ce sujet avec plus de spécialisme et d'autorité en France et en Amérique.

En matière d'élevage et d'amélioration des races, il existe aujourd'hui des principes assez généralement adoptés, quoique cependant controversés par quelques esprits inquiets et chercheurs, pour qu'on puisse s'arrêter à une marche qui doit conduire au succès et rémunérer les efforts. Les faits acquis, les résultats indéniables ont uni en faisceau tous les bons esprits, et ce sont d'eux qu'il faut emprunter le flambeau de la vérité pour en diriger les rayons vivifiants sur ceux qui nous entourent. C'est le but tout modeste et tout utilitaire que nous essaierons de poursuivre dans notre publication. Puisse-t-elle rencontrer un bon accueil et être une preuve non douteuse de notre dévouement aux intérêts hippiques de notre pays et à ceux du *Trotting* en particulier.

DU CHOIX DU TROTTEUR

DU CHOIX DU TROTTEUR.

Le trotteur en France n'est point, comme en Amérique, une production spéciale avec un but déterminé et n'offre pas la perspective de réaliser de larges bénéfices ; sur ce point tous les éleveurs seront d'accord avec nous. Le trotteur est un cheval de choix, à qualités, qui doit indemniser l'éleveur des frais exceptionnels qu'il a nécessités, acquérir « *ipso facto* » une valeur commerciale plus grande et, s'il est entier, devenir l'objet d'une préférence de l'administration des haras. Quant aux quelques amateurs qui conservent le trotteur à un point de vue spéculatif et pour donner satisfaction à un goût prédominant, ce cheval doit être tout à la fois excellent de service et sérieux sur le terrain de courses où il doit gagner sa vie.

Cependant le trotteur, comme nous l'entendons et devons le faire chez nous, doit se trouver à peu près dans les mêmes conditions que le trotteur américain : doué de brillantes actions (trotting gate) et vivifié dans certaines conditions par le sang pur, principe de toute résistance ou de toute vitesse durable. Nous di-

sons : dans de certaines proportions, car le trotteur français, pour être un cheval de service,
propre à porter le poids ou à tirer un véhicule,
autre que le sulky ou le wagon, ne peut se passer de gros, d'ampleur et d'un développement
musculaire qui en augmentent le mérite ainsi
que la valeur commerciale. Il faut, en un mot,
un type que réclament nos intérêts hippiques,
avec une taille au-dessus de la moyenne, avec
de la taille et du sang. Il faut, par-dessus tout,
qu'il possède l'allure du trotteur joint à une
grande élévation de mouvements, se faisant remarquer plutôt par l'extension et le développement que par la « répétition. » Le trotteur riche
et ample dans son train (gait), lorsqu'il est rac-
courci pour les services ordinaires, devient évidemment plus beau dans cette vitesse moyenne,
que le trotteur qui, ne travaillant pas de l'épaule,
répète rapidement un mouvement près de terre
et à courtes foulées ; celui-là ne fera jamais un
grand cheval de service ; il pourra gagner quelques prix, soutenir de longues courses, mais là
se bornera son mérite. Tel ne sera pas le cheval de choix, dont nous devons préconiser la
production.

Le trotteur d'une taille moyenne, de 1 mètre 56 à 60 centimètres doit être préféré. Sa
poitrine sera profonde, son garrot élevé, son

épaule bien inclinée, son rein soutenu et recouvert de muscles puissants, sa croupe longue,
ses hanches larges, ses cuisses fournies, ses
jarrets bien faits et exempts de tares. La direction des membres antérieurs sera régulière, les
sabots seront bien conformés et proportionnés
à la taille et au poids qu'ils ont à porter. Le
trotteur doit étendre et fléchir les membres antérieurs sur la ligne, c'est-à-dire ne les jeter ni
en dedans, ni en dehors, afin de ne pas se toucher dans ses grandes actions et de recevoir,
d'aplomb et solidement, le poids de sa masse.

L'encolure sera suffisamment longue et bien
greffée et la tête, d'une grosseur moyenne, sera
bien attachée. Nous n'avons aucune sympathie
pour les petites têtes : elles ne révèlent jamais
de grandes qualités.

Les mouvements de l'avant-train, chez le
trotteur, doivent être libres et énergiques et
partir de l'épaule ; le membre ne doit point
s'élever d'une pièce, mais demeurer fléchi au
genou et au boulet ; il ne doit chercher à gagner le sol, qu'après une extension marquée,
correspondant avec l'action impulsive de l'arrière-main. Si le développement et l'extension
vigoureuse des membres antérieurs ne sont point
d'accord avec celles des membres postérieurs, le
cheval s'atteint aux talons ; sa marche peut en
être ralentie ou suspendue et cette disharmonie

1.

peut aussi déterminer de fréquents « enlevés ; » désordres qui sont l'échec et l'effroi constant des jockeys ou des cochers. Un trotteur relativement bas de l'avant-main et dont cette partie est écrasée par la prédominance de l'arrière-main, présente toujours l'inconvénient que nous venons de signaler ; il est irrégulier dans son allure et, de plus, généralement lourd à la main.

Nous ne parlerons pas des inconvénients d'une arrière-main plus faible que le devant, soit par suite d'une construction articulaire défectueuse ou d'une force musculaire insuffisante, car, dans ce cas, il ne peut y avoir de vitesse : c'est le devant qui traîne le derrière, partant, plus de trotteur !

Le cheval qui répète ses mouvements, qui manque de longueur dans ses lignes surtout de celle si indispensable « du coude à la pointe de l'épaule », peut avoir des qualités résistantes s'il a du sang comme certains poneys ou les produits du croisement avec le pur-sang, lorsque ce dernier manque d'épaules ; mais ces animaux ont peu de valeur et ne justifient pas les frais que nécessitent leur dressage et leur entraînement.

Terminons cet aperçu sommaire en appelant l'attention du connaisseur (qui tient à ne pas s'égarer) sur les boulets et les paturons. Le trotteur doit être résistant dans ses extrémités, fort dans sa partie osseuse, sinon le travail, si modéré qu'il soit, et les courses sur des pistes plus ou moins dures éprouvent promptement l'animal, compromettent ses aplombs et lui enlèvent une partie de sa valeur commerciale qui est, nous le répétons, l'*ultima ratio*.

Avant tout, cependant, et j'aurais dû commencer par là, il faut se poser cette question : le trotteur se recommande-t-il par une bonne origine ? Celle-ci, dans la plupart des cas, décidera l'éleveur intelligent à pardonner beaucoup d'irrégularités et de côtés faibles qui devront, dans la pratique, être contrebalancés par les qualités héréditaires. Nous entendons par bonne origine : 1° Père et mère de race trotteuse affirmée par plusieurs générations ; 2° Mère de race trotteuse, père de pur-sang avec des aptitudes de trotteur, c'est-à-dire de beaux mouvements d'épaules et ayant produit des trotteurs ; 3° Père trotteur, demi-sang, et mère pur-sang, ayant de bonnes actions. Ce dernier croisement, à *l'envers*, donne des animaux à résistance, bien trempés et supportant une préparation sérieuse.

Dans la première catégorie, c'est-à-dire le produit de deux trotteurs, nous plaçons ainsi en première ligne les qualités héréditaires qui présentent à l'éleveur toutes les garanties possibles de succès. Or, comme nous n'admettons pas que plusieurs générations de trotteurs se soient distinguées sur le Turf, sans qu'on retrouve dans leur origine l'influence du sang, je donne sans hésitation la préférence aux produits d'une famille connue sur ceux plus hypothétiques d'un croisement immédiat.

Nous ne prétendons point que le poulain d'une trotteuse de grande origine avec un étalon de pur-sang ne puisse donner un cheval résistant et à qualités; mais si, selon toute probabilité, le pur-sang exerce son influence prédominante sur la mère, les aptitudes trotteuses que cette dernière possède se modifieront au point de vue de l'extension et de la beauté des mouvements et, le plus généralement, le produit n'aura que la répétition du mouvement, il sera chaud, irritable dans le travail et sujet à quitter le trot pour s'enlever au galop.

Si, au contraire, l'étalon de pur-sang possède, par exception, les beaux mouvements d'épaules du trotteur, s'il est connu pour sa faculté de les transmettre à ses descendants auxquels il donne à la fois la résistance, le fonds et l'allure, ce précieux reproducteur peut avoir, dès le premier croisement des produits d'un ordre supérieur, si surtout, je le répète, la poulinière possède par l'hérédité les qualités tellement enracinées et prédominantes de l'allure, qu'elle n'aient qu'à gagner à l'infusion du sang. Quoiqu'il en soit, nous sommes obligé de considérer ici, le croisement à un point de vue général et ne tenant que faiblement compte des exceptions brillantes, de le classer en seconde ligne comme ne fournissant point à l'éleveur des garanties assez sérieuses. Lorsqu'il s'agit de faire de notables dépenses pour élever, dresser et entraîner un cheval, en vue des courses, il faut prudemment s'assurer de la valeur réelle du sujet et des chances de succès qu'il doit à son origine et à sa conformation. Tout ce qu'on dépense pour un mauvais poulain est un argent sacrifié en pure perte, et nous avons vu certains éleveurs sacrifier quatre et cinq chevaux pour arriver à faire un trotteur. Les uns tournaient mal parce que leur sang n'était point d'une origine certaine, les autres, parce qu'ils n'avaient point été assez bien élevés, d'autres enfin parce qu'on avait exigé trop tôt, sans connaissance pratique des conditions d'un bon entraînement.

L'éleveur qui veut faire l'acquisition d'un poulain peut savoir à l'avance dans quelles conditions il a été élevé; il connaît le père, la mère, l'herbage où il a pris ses premiers ébats et les soins dont il a été l'objet; s'il fait alors un mauvais choix, il est inexcusable ou pèche par les connaissances élémentaires que nous devons supposer à tout cultivateur qui s'occupe de cette si intéressante partie des produits de la ferme. Le but de notre travail n'est point d'apprendre à l'éleveur ce qu'il doit savoir, mais ce qu'il peut ignorer lorsqu'il ne s'est pas spécialement adonné à la préparation des trotteurs. Ce que nous cherchons avec lui, c'est le moyen d'appliquer, d'adapter les connaissances qu'il a acquises à l'amélioration et à l'utilisation profitable d'une catégorie d'animaux de premier ordre, soit qu'il les ait fait naître, soit qu'il en ait fait l'acquisition, pour en compléter l'élevage et l'éducation.

La troisième catégorie de trotteurs, ou produits du croisement « à l'envers » ont une valeur non équivoque, lorsque l'éleveur ne se propose d'obtenir qu'un résultat éventuel et en tous cas un cheval de service. Ce croisement n'est pas, on le sait, favorable à l'amélioration de la race et laisse toujours à redouter l'atavisme. Le père, dans l'hypothèse où il appartienne à une famille de trotteurs éprouvés et qu'il possède, au plus haut degré, la propriété de transmettre et d'imposer, en quelque sorte, ses aptitudes, pourra donner au produit de la poulinière de pur-sang une partie de ses actions et de sa vitesse que la mère accentuera encore par le sang.

Encore faut-il, dans ce cas, un père comme Phœnomenon et des juments pures auxquelles l'allure du trot ne soit pas antipathique et contraire à leur conformation.

L'éleveur qui veut s'adonner à l'élève des trotteurs peut, d'ailleurs, utilement consulter l'annuaire des courses au trot, rechercher les origines de tous les vainqueurs ; il en déduira assurément que les principes que nous venons d'établir sont essentiellement vrais et qu'en dehors d'eux, on ne rencontre que déception et désillusion.

Sans vouloir nous placer absolument au point de vue américain, puisque nous ne nous trouvons pas exactement dans les mêmes conditions, nous partageons leurs tendances vers le progrès et nous constatons que l'ensemble de leur doctrine est en tous points conforme à celle de nos hippologues et de nos praticiens éclairés.

Tout en reconnaissant que le pur-sang est le point de départ et le principe indiscutable de toute amélioration et accélération de vitesse, ils ont signalé qu'il y avait danger à en rapprocher par trop l'emploi en vue de cette même accélération, et qu'il valait mieux, entre les infusions successives, laisser aux croisements ou plutôt accouplements entre trotteurs éprouvés, le temps de confirmer par l'hérédité les aptitudes acquises, afin de donner à ces mêmes animaux

d'élite une prédominance et des facultés si in-
hérentes, que l'allure et la nature des mouvements propres du pur-sang ne puissent plus
réagir d'une manière dangereuse sur la beauté
et l'extension des mouvements du trotteur.
Alors, seulement alors, le noble « racer » n'in-
tervient plus que comme principe vivifiant et
réparateur. Alors, nous voyons, disent-ils,
s'accroître et s'accentuer dès le premier croisement, la vitesse et la résistance.

L'éleveur ou le propriétaire qui voudront
s'occuper des trotteurs, trouveront assurément
dans ce qui précède des indications suffisantes
pour se diriger dans une voie nouvelle, sans se
heurter contre de sérieux obstacles ni s'exposer
à de décourageantes déceptions. Ils pourront
asseoir leur jugement sur des principes, dont
l'énoncé porte avec lui la démonstration, et leur
choix ne sera pas entravé par des incertitudes.
Ils pourront réunir assez d'atouts dans leur jeu
pour engager une forte partie, en admettant
qu'ils aient le savoir-faire du bon joueur, autrement dit, compléter leurs chances par un bon
élevage et une intelligente préparation de l'animal précieux qu'ils ont su découvrir. Ils trouveront bientôt, d'ailleurs, dans les développe-
ments que nous nous proposons de donner à cet
intéressant sujet, une solution pratique aux prin-
cipales questions qui devront les préoccuper.

Cependant, celui qui, ne se bornant point à l'élevage isolé d'un poulain qui a été l'objet de son choix, veut créer une famille de trotteurs et tirer tout le parti désirable des produits d'une industrie spéciale, celui-là est en droit de nous demander le complément de notre pensée ou son application théorique au but qu'il se propose. Or, bien que les bases générales de toute amélioration d'une famille trotteuse et de toute accélération de vitesse, soient implicitement comprises dans ce que nous venons d'énoncer, nous croyons indispensable d'entrer dans quelques considérations où la théorie se formulera plus explicitement.

L'allure (gait) du trotteur est une allure acquise. Tout cheval marche au pas, au trot et au galop. Le trot est l'allure intermédiaire, tout à fait secondaire dans le cheval de pur-sang, mais en revanche la plus utile et la plus appréciable dans le cheval de demi-sang, dans le cheval propre à tous les services. Ce *desideratum* se rencontre généralement dans un certain nombre de produits venant de bonne origine, c'est-à-dire de père et de mère s'étant fait remarquer pour la résistance et la régularité de leurs mouvements. Ces produits possèdent ce qu'on appelle les éléments, les aptitudes du trotteur à l'état rudimentaire, aptitudes qu'un travail bien dirigé amène graduellement à la marche du trotteur. Lorsque, pendant plusieurs générations, on conserve les moyens naturels et acquis du trotteur, que dans de judicieux accouplements on a procédé par une sélection bien comprise, alors on a créé une famille à qualités spéciales, transmissibles héréditairement. C'est ainsi que s'est formée la race Orlow et ces fameux trotteurs américains qu'on a graduellement amenés à une vitesse telle, qu'on l'aurait crue imaginaire il y a seulement vingt ans.

En suivant la progression que nous indiquons, chaque éleveur qui se trouve placé dans un milieu favorisé par le sol et le climat, peut donc lui aussi, avec du temps et de la persévérance, trouver la solution du problème de la production du trotteur; mais à une époque où l'on cherche, et on n'a pas tort, les résultats prompts et faciles, on peut avantageusement adopter un autre système. Il consiste simplement à se procurer quelques juments trotteuses éprouvées, après s'être assuré de leurs origines paternelles et maternelles, remontant, s'il se peut, à deux ou trois générations. A défaut de la double origine, on pourrait se contenter d'une mère trotteuse et d'un père de pur-sang, ayant fait des trotteurs et possédant une grande prédominance dans tous ses produits. Dans tous les cas, il faudrait que la mère de la poulinière dont on a fait choix, possédât une bonne nature de mouvements, fût de bonne race, exempte de tares, et qu'elle eût donné un certain nombre de poulains classés. Lorsqu'on veut marcher vite et ne pas s'exposer à des mécomptes, il ne faut pas hésiter à prendre ce qu'il y a de mieux, et savoir clairement et sans parcimonie poser les bases d'une entreprise qui, pour être durable, doit être rémunératrice. Il ne suffit pas, du reste, que la future poulinière soit vite et de bonne origine, mais encore qu'elle possède la conformation d'une mère. Elle sera donc près de terre, elle aura de la longueur dans ses lignes, et sera plutôt un peu longue dans son ensemble ; sa croupe sera large et fournie de muscles, sa côte bien faite, ses membres seront nets et bien d'aplomb, son tempérament ne laissera rien à désirer, et son caractère sera d'une extrême douceur. N'achetez jamais, pour en faire une poulinière, une jument hargneuse, irritable et impressionnable. Elle transmettra des défauts de caractère à son poulain et sera généralement une mauvaise nourrice.

Nous avons dit précédemment, en parlant de l'encolure, quelques mots qui n'avaient pour but que d'éveiller l'attention de l'acheteur d'un poulain destiné à devenir trotteur, mais nous croyons utile de revenir sur ce sujet, lorsqu'il s'agit du choix d'une poulinière. L'encolure et l'attache de tête jouent un rôle plus important que bien des gens ne pensent, dans le développement des qualités du trotteur. Une encolure courte en dessous, droite, mal greffée sur un garrot trop bas et dénuée de flexibilité naturelle, rend la conduite du cheval, à sa grande allure surtout, d'une difficulté extrême et parfois impossible. L'encolure est ou, si l'on veut, représente un bras de levier dont se sert le cavalier ou le (driver) cocher pour régler les mouvements de l'animal, reporter le poids de la masse sur l'arrière-main et faire refluer ce même poids, tantôt à droite, tantôt à gauche, selon que le besoin s'en fait sentir, dans l'intérêt de l'équilibre et de l'harmonie générale. Il arrive assez communément qu'une encolure fausse, droite, renversée et courte fournit à la tête un support défectueux et que, mal liée avec elle, cette dernière affecte forcément une attitude anormale ; la tête se porte alors démesurément en avant de la verticale, ou si elle est longue et lourde, attachée à une encolure grêle et courte, elle s'affaisse et vient s'appuyer sur le mors en y apportant un poids si grand que tous moyens de conduite et de redressement sont enlevés à la main qui dirige. Lorsque, avec de tels chevaux on veut recourir aux moyens d'élévation prescrits, dont nous parlerons plus tard, cette défec-

tuosité se manifeste d'une façon non moins préjudiciable ; en effet, l'animal élève la tête, l'al-
longe, mais ne pouvant la ramener dans une
position intermédiaire, il se soustrait à l'action
du mors, dont la pression ne s'exerce plus sur
les barres. Quelles que soient alors les qualités
naturelles et les moyens de l'animal, ils de-
viendraient d'un emploi impossible, et l'on peut
affirmer sans exagération que plus la puissance
musculaire et articulaire sera accentuée dans le
trotteur, plus son influx nerveux sera grand,
plus aussi il deviendra dangereux à conduire,
en sorte que la mauvaise conformation de son
encolure fera tourner à son préjudice les grandes aptitudes dont il peut être doué.

Précisons maintenant, autant que possible
en peu de mots, la disposition d'encolure que
nous désirons trouver dans un trotteur. Elle
doit être longue en dessus et relativement
courte en dessous, c'est-à-dire que supérieure-
ment à partir du garrot jusqu'à la naissance des
oreilles, elle doit présenter une ligne légèrement courbe, qui donne à la tête une attache et
une position naturelle qui permette à cette dernière, sous la pression du mors et sans que
l'encolure s'affaisse, de se rapprocher de la verticale ou tout au moins de la diagonale du carré
de sa longueur ; d'autre part, la ligne inférieure de cette même encolure étant propor-

tionnellement plus courte, permettra à la tête et à la ganache d'affecter une position normale, en même temps qu'elle favorisera, dans des conditions plus rationnelles, l'inspiration et l'expiration de l'air. On appelle encolure en dessous, celle qui présente un renflement sensible, comme une gorge de pigeon vers sa partie moyenne inférieure, tandis que sa partie supérieure, peu musclée, présente une sorte de dépression. L'encolure ainsi construite repousse, par sa ligne inférieure, la tête en avant, en même temps que sa ligne supérieure trop courte, tend à attirer la tête en l'air et à renverser sa position aussitôt que le mors exerce ses effets d'avant en arrière. Le cheval dans ce cas, « porte au vent », et l'on est contraint, pour s'en servir et le maîtriser, de recourir à l'emploi de la martingale. Si bien qu'on fasse, l'animal livré à ses grandes allures, demeure constamment contraint et contracté dans une position qui cesse d'être conforme à sa structure. On peut, à des allures raccourcies et avec de l'habileté équestre, pallier certains défauts naturels; mais, du moment où le cheval doit être livré à toute l'expansion de ses moyens, la nature reprend ses droits et ce qu'elle n'a pas créé harmonieux échappe forcément au savoir et à la force du plus habile. Celui-ci perd donc inutilement sa peine et son temps, avec un su-

jet qu'il faudrait plutôt impitoyablement re-
jeter d'une écurie de trotteurs. L'encolure longue en dessus, légèrement arrondie, est toujours flexible ; elle amortit les effets trop durs
du mors, et sous l'influence d'une contraction
musculaire, qui est la conséquence de l'accélération et de la puissance des mouvements,
elle permet à une main habile non-seulement
d'imprimer la direction, mais, comme nous l'a-
vons déjà dit, de régler l'allure et d'entretenir
un rapport intime entre l'avant et l'arrière-
main.

Lorsqu'il s'agit de créer une famille de lui
imprimer des qualités bien définies et d'y ajouter des aptitudes héréditaires, il va sans dire,
je crois, que le choix de belles et bonnes poulinières ne peut être fait avec un trop grand soin
et de trop grandes exigences; aussi pensons-
nous être ici dans le vrai, en insistant sur certains points où toute concession est une faute,
que le repentir tardif ne suffit pas pour réparer.

Sans vouloir entrer dans de plus grands détails sur une partie de notre programme que
nous avons suffisamment traitée, à moins de
lui laisser prendre les proportions d'un cours
d'hippologie, ce qui serait en dehors du cadre
restreint que nous nous efforcerons de remplir,
nous pensons toutefois, qu'il reste quelque
chose à dire sur le mérite du reproducteur ap-

proprié aux poulinières qui doivent être la sou-
che d'un élevage de trotteurs et de chevaux de
service de premier ordre.

Nous n'admettons pas au début d'une telle
entreprise, qu'on ait recours à un autre étalon
qu'à celui ayant subi de brillantes épreuves au
trot et issu lui-même d'une mère et d'un père
trotteurs, ou tout au moins d'un pur-sang connu
pour ses belles allures et la supériorité de ses
produits. Ce n'est qu'en Normandie, au haras
du Pin ou à celui de Saint-Lô, qu'on pourra
en France rencontrer toutes les qualités réunies, ou alors il ne resterait plus à l'éleveur qu'à
se procurer un cheval de Norfolk, un « Phœnomenon», s'il en existe encore, un de ces chevaux
renommés pour leurs performances et leurs produits, ou un cheval américain de grande famille
illustré, lui aussi, par des *heats* de 2'27" ou de
2'30". En résumé, il faut au début savoir s'imposer un vrai sacrifice pour arriver vite au but
et trouver ensuite dans le fruit de ses accouplements les éléments de production et d'amélioration, sans toutefois s'exposer à une dangereuse consanguinité.

Lorsqu'on aura atteint la meilleure vitesse
courue jusqu'alors en France, entre 6'35" et
6'45" les 4 kilomètres, il sera temps de recourir au pur-sang le mieux approprié, en vue de
tremper à nouveau une famille héréditairement

trotteuse, et d'obtenir ainsi une vitesse supérieure dès le premier croisement ; à condition
toutefois de revenir aussitôt aux accouplements
de trotteurs entre eux, auxquels on a dû la per-
sistance et l'hérédité « de l'allure ».

En persévérant dans une telle voie, on conser-
vera infailliblement dans la race le gros et
l'ampleur que nous ne devons jamais perdre
de vue, puisque l'éleveur-pratique, tout en vi-
sant au perfectionnement de son écurie de
course, doit trouver dans les produits qu'il ne
réserve pas, une large compensation aux dépenses d'entretien et de préparation qui sont la
conséquence inévitable de son entreprise. Les
Américains qui font le trotteur exclusivement
en vue des courses, et qui trouvent sur de
nombreux hippodromes des chances de gains
vraiment rémunérateurs, ont cherché à se rapprocher le plus possible du cheval de sang et
ont trouvé un débouché suffisant de leurs produits à grands moyens qui deviennent encore
pour de riches acquéreurs, autant un objet de
spéculation que d'attrayante distraction. Cinq
mille trotteurs figurent chaque année sur les
tracks américains, et plus de dix mille sont
mis à l'entraînement. Tel ne sera jamais le
résultat que nous poursuivrons, tandis que notre but constant doit être d'augmenter notablement le nombre de nos chevaux de service,

2

dont l'offre demeurera longtemps inférieure à la demande, et celui si précieux des reproducteurs éprouvés appelés, dans un temps donné, à élever le niveau de la production d'élite. Avonsnous besoin de dire que dans un Stud bien dirigé la sélection la plus sérieuse doit présider chaque année aux accouplements, que d'utiles réformes sont indispensables et que les jeunes chevaux entiers qui ne réunissent point toutes les conditions qu'on exige d'un futur reproducteur, doivent être castrés au lait, pour être ensuite livrés, à 4 ans, après un premier dressage, au commerce qui malgré leur infériorité relative, trouvera en eux de bons serviteurs. Le premier choix conservé dans le Stud ou vendu exceptionnellement pour la remonte des haras ou à des riches éleveurs ou consommateurs, doit être seul inscrit au Stud book de l'éleveur et constituer ainsi une famille qui exercera graduellement son influence régénératrice dans les divers centres chevalins.

En dehors de l'origine dont l'importance n'est point en question, l'élevage du poulain exerce une influence énorme sur son avenir, comme cheval en général et spécialement comme trotteur. Tout cheval destiné à la course, autrement dit à donner le maximum de son effort possible, doit être, dès son âge le plus tendre, l'objet des plus grands soins, car son or-

ganisme doit se développer précocement en vue
de nos futures exigences. Le poulain de pur
sang doit manger de l'avoine, pour favoriser
chez lui de bonne heure le tempérament san-
guin et nerveux ; son développement doit être
précoce et sa constitution organique aussi hâ-
tive que possible, en sorte qu'il passe sans tran-
sition brusque de la nutrition ordinaire, à celle
plus stimulante encore de la première mise en
condition à l'âge de 2 ans. Pour le « racer »,
on vise moins au gros et à l'ampleur qu'à la to-
nicité des muscles, à la solidité des articulations ; or, nous savons tous qu'un poulain de
pur-sang de 2 ans est plus avancé et plus cheval qu'un poulain de 3 ans, de demi-sang. Cette
précocité du pur-sang est le propre de la race,
et personne n'ignore que le poulain, pour une
courte distance, atteint généralement une vitesse qu'il ne peut surpasser plus tard.

Quant au cheval de demi-sang, fût-il près du
sang, lorsqu'on veut en faire un cheval de service ou un trotteur remarquable, il faut, et le
bon sens l'indique, se préoccuper de son volume et de l'accroissement notable de la partie
musculaire et osseuse. Il faut consacrer un an
de plus pour atteindre le développement du
jeune sujet et conséquemment imprimer à
son hygiène une direction toute spéciale, dans
le but bien défini que nous poursuivons.

Bien qu'il soit urgent de faire croître en lui l'énergie et la puissance des allures, l'avoine doit lui être donnée avec modération, et c'est aux herbages les plus riches et poussant le plus au gros et à la taille, qu'il faut confier le soin de donner à ce jeune animal la forme et les qualités qui doivent le distinguer plus tard. Ce sont le climat et surtout l'herbage qui font le bon cheval : *Non omnis fert omnia tellus*, a dit Virgile. Certaines localités donnent l'énergie, la bonne nature, des membres et des articulations, le Merlerault par exemple ; les sols calcaires ont particulièrement ce privilége ; d'autres, au contraire, contribuent à donner le gros, mais en revanche, font le cheval plus mou, plus lymphatique. L'influence de ces milieux doit être corrigée dans une certaine mesure par l'usage de l'avoine, presque inutile, par exemple, dans les herbages du Merlerault. La Nièvre et le Cher ont le double avantage de posséder des herbes qui, tout à la fois, développent et tonifient. Le trotteur doit être élevé rustiquement et maintenu au dehors autant que la saison le permet. Pendant la saison la plus rigoureuse de l'hiver, le poulain sera rentré dans des écuries très-aérées, plutôt froides, et qui le mettent seulement à l'abri des intempéries ; il y sera nourri du meilleur foin récolté dans de bonnes conditions, et dès que le temps

le permettra, sera pendant le jour remis en
liberté dans l'herbage à proximité de son écurie. On lui continuera pendant la saison froide
une petite ration d'avoine qui aura pour but
de le réchauffer, et de préparer pour le printemps le travail de la nature. Il faut craindre,
pour le poulain, les pluies froides, les dégels
et changements brusques de température, et
enfin une trop grande humidité d'un sol détrempé, où le jeune animal fait de constants
efforts qui ébranlent ses articulations dans les
courses et les ébats auxquels il se livre. Nous
avons vu dans les herbages si plantureux des
marais vendéens, justement renommés pour
l'élève du cheval, bon nombre de jeunes animaux précieux, précocement tarés par leur
marche pénible dans un sol où ils enfonçaient
l'hiver jusqu'au-dessus des boulets. Lorsqu'on
veut à 3 ans posséder un poulain net et exempt
de tares, il faut se préoccuper des moindres détails et choisir tout spécialement l'enclos où il
est abandonné à lui-même.

Un herbage bien compris sera pourvu d'un
abri où les animaux puissent se réfugier pendant les grandes pluies, et, pendant la mauvaise saison, et où ils trouvent un râtelier garni
de bon foin.

L'éleveur doit visiter personnellement et
examiner fréquemment ses poulains, pour se

2.

rendre compte de leur état sanitaire, de leur aspect général, de leur croissance, de la bonne condition de leurs pieds, qui doivent être parés assez souvent pour que l'animal marche d'aplomb et que ses articulations n'aient point à souffrir d'une position irrégulière. Dans les jours d'été, et lorsque la corne paraît trop sèche, les sabots doivent être graissés.

La croissance du jeune animal et son développement général indiqueront si l'herbage convient, ou s'il est à propos de le changer ou de modifier l'alimentation. Si l'herbe est momentanément insuffisante pendant une grande sécheresse, l'animal peut dépérir dans le moment où il aurait besoin d'une nourriture substantielle. Il faut dans ce cas lui donner une ration supplémentaire d'herbe de prairie artificielle, et éviter par-dessus tout un amoindrissement de substance dont il se ressentirait toujours. Les poulains qu'on laisse s'appauvrir et qui sont sans aucune précaution exposés aux mauvais temps, sont sujets aux maladies de langueur et de la peau, aux angines et à un étiolement complet de tout leur être, qu'un éleveur intelligent doit prévenir et par conséquent éviter.

Ai-je besoin d'insister pour faire comprendre que des sujets précieux, et qui seront un jour des animaux d'élite, ne peuvent être impu-

némént livrés à eux-mêmes et aux seuls efforts de la nature, qui laisse à nos soins une
bien faible mais bien intéressante partie de
l'œuvre mystérieuse qu'elle accomplit sous nos
yeux.

Il semble résulter de ce que je viens de dire
que le trotteur, le beau cheval de service, ne
peut être élevé avec avantage que dans les centres chevalins les plus riches et les plus fertiles,
et qu'il faut y renoncer dans ceux dont le sol
et le climat ne donnent pas à l'animal toute la
taille et le volume qu'on doit trouver dans un
produit recherché par le consommateur, et renommé pour ses grandes et rapides actions.
Sans vouloir pousser mon principe jusqu'à
l'exagération, et prétendre qu'on ne puisse pas
élever des trotteurs dans le Midi, par exemple,
qui ne fait pas le cheval étoffé, je considère,
sauf exceptions heureuses, l'élevage du trotteur
comme une entreprise onéreuse, qui doit s'entourer des plus grandes chances de succès et
de compensation. Si, par impossible, les produits d'une origine certaine et indiscutée, et
ayant de la taille, ne révèlent que des qualités
médiocres sur le « track », il restera toujours
des animaux propres à tous les services et qui,
bien élevés et bien dressés, ont une valeur mar-
chande supérieure aux animaux de petit mo-
dèle, énergiques sans doute, mais dont l'em-

ploi n'est point aussi facile à trouver et, dans
tous les cas, la vente peu rémunératrice.

La chaleur exerce une grande influence sur
la nature du sol, des herbages, et conséquemment sur le tempérament de l'animal. Un climat chaud et humide réagit sur la production
des animaux qui généralement perdent en énergie ce qu'ils gagnent en volume. Le climat
tempéré est donc évidemment celui qu'il faut
préférer, lorsqu'il s'agit d'une production d'élite.
Les terrains d'une grande fertilité et où la
sécheresse ne vient jamais arrêter complétement la pousse des herbes, sont les seuls où
l'on puisse élever à coup sûr un cheval de belle
taille et de forme puissante et harmonieuse.

« Le sol, dit le baron de Curnieu, n'influe pas
seulement sur la dimension et le développement
des animaux ; il influe sur leurs formes exté-
rieures, leur constitution et par conséquent leurs
qualités, en dépit de la race et de l'origine. »

J'ai dit que le pied du trotteur devait être
proportionné à sa taille et à son poids, mais
avant tout bien conformé ; or, la nature du sol
enrichit ou atrophie la corne du cheval. Les
herbages trop humides donnent généralement
des pieds trop lourds et souvent plats ; les terrains trop secs, au contraire, resserrent les talons, et donnent des pieds encastelés. La seime
est souvent le résultat d'un sol trop aride.

Les jambes dépendent, dans de certaines limi-
tes, de la conformation même des pieds. Un pied
plat et lourd est presque toujours suivi d'un
membre peu développé. Le pâturon manque
de force et acquiert une fausse direction. Si le
sabot est bien conformé, et plutôt haut que
bas, les tendons sont forts, l'aplomb du membre est régulier et l'animal devient adroit et sûr
dans sa marche accélérée.

La disposition topographique de l'herbage
dont on fait choix pour élever des poulains de
choix, n'est point indifférente. Il devrait être
autant que possible accidenté, pour que le poulain n'eût pas constamment la tête aussi basse
en cherchant sa nourriture, car l'animal qui
paît sur un sol incliné place toujours les pieds
de devant en haut. Les inégalités du terrain
rendent le cheval adroit, et dans ses constantes
évolutions, ses jarrets acquièrent de la force et
sa croupe tend à se développer. Enfin, dans
un même milieu favorable à l'élevage, il faut
encore savoir distinguer le fond le mieux approprié et le plus renommé pour l'abondance
et la bonne qualité de ses herbes. A l'approche
de l'hiver de sa seconde année, le poulain doit
être rentré à l'écurie, où il recevra sa première
éducation dont nous parlerons tout à l'heure;
il y trouvera une alimentation choisie et abondante et une ration d'avoine variant entre 2 et

4 litres. Lorsque le temps ne sera pas trop rigoureux, il sera mis en liberté dans un enclos
pour y prendre un exercice indispensable à sa
santé. Il sera bon de temps en temps de lui
donner des mashes et barbottages pour le rafraîchir et prévenir les congestions et les coliques, enfin les indispositions qui peuvent sur-
venir après un changement de régime. Le
jeune animal, participant au repos général de la
nature, se prépare comme elle à une végétation,
à une croissance au retour du printemps ; il
doit donc être, pendant cette phase de repos
et de préparation, l'objet de soins et de constante surveillance, en vue de le conserver
dans des conditions de force et de vitalité jusqu'à la pousse des herbes. La nature ne doit rien
avoir à réparer. La troisième année de l'élevage est la plus décisive, car c'est pendant la
belle saison que le poulain acquiert presque
toute sa taille et prend le galbe, l'aspect du cheval. Sa forme devient plus harmonieuse, son
tempérament, son énergie et ses mouvements
se révèlent et font pressentir l'avenir qui lui
est réservé et qui sera bientôt entre les mains
de l'entraîneur, car à l'approche de l'hiver il
quittera l'herbage, pour n'y retourner que
pour s'y reposer des fatigues d'une laborieuse
saison de courses.

Il sera bon d'augmenter graduellement la

ration d'avoine pendant la troisième année
du poulain, pour qu'il se trouve en force à
son retour définitif au régime sec, et qu'il soit
en état de subir sans fatigue la première préparation et les exercices qu'elle nécessite. La
mise en condition du jeune trotteur est d'autant moins longue et fatigante, qu'il entre en
travail dans de meilleures conditions de santé
et que son système musculaire et osseux ont
été plus tonifiés par l'avoine. Le poulain qui
revient à l'écurie avec le gros et le développement dus exclusivement à la nutrition abondante du pâturage, est étonné et éprouvé par
son nouveau régime. Il est sujet à des transpi-
rations abondantes et à des déperditions de
substances qui ne se réparent que lentement.
L'entraîneur, sous peine de briser un animal
précieux, est obligé d'attendre patiemment la
reconstitution de l'animal et de différer tout
exercice sérieux, alors même qu'il reconnaî-
trait dans le sujet des aptitudes remarquables.
Si, comme en Amérique, on pouvait en France
attendre l'entière formation du trotteur et le
réserver pour l'avenir, ces soins et ces ménagements ne trouveraient pas leur place ici;
mais il faut prendre la position telle qu'elle
nous est faite par les nécessités économiques de
notre industrie chevaline, et arriver graduellement et prudemment au résultat le plus pro-

ductif. Il faut accepter les épreuves pour chevaux de 3 ans. Il faut savoir se contenter d'une vitesse relative, ne demander au jeune cheval que ce qu'il donne sans effort, et comme conséquence naturelle de ses qualités héréditaires et de sa force musculaire acquise et développée dans un exercice soutenu, mais modéré.

Espérons que, tôt ou tard, les épreuves pour les jeunes trotteurs seront mieux proportionnées à l'âge, et permettront aux véritables amateurs de conserver pendant de longues années, des animaux croissant d'année en année en vitesse et en résistance.

Avant de terminer ce chapitre, rappelons à l'éleveur que la poulinière qui nourrit un poulain précieux, doit recevoir une abondante alimentation et une ration d'avoine dont on retrouvera les effets dans l'énergie et la force du produit.

ÉDUCATION

ÉDUCATION DU POULAIN A DEUX ANS.

Après le travail à la main dirigé méthodiquement et avec cette gradation qui assure le succès, les promenades en main peuvent être pratiquées sans inconvénients pour le poulain que l'on devra enrêner légèrement en bouclant les rênes de bridon sur le surfaix. Dans ce cas, comme moyen de conduite, on peut se servir d'un caveçon très-doux et rembourré, dont les légères saccades suffiront pour calmer les désordres passagers.

Lorsque le jeune animal, après deux mois de maniements et d'exercices, sera devenu calme, soumis et réglé dans ses mouvements, on pourra le mettre de temps en temps à la longe, au pas et au petit trot, afin de régulariser ses allures et de lui donner un certain degré de souplesse sur le cercle. Ces leçons seront courtes et dirigées avec douceur. On évitera de surexciter l'animal et de précipiter ses allures. Il doit demeurer calme dans son assujettissement momentané. Il sera exercé sur un sol doux et les cercles auront au moins 10 mètres de diamètre. Les cercles trop restreints fatiguent notablement les articulations et peuvent compromettre les aplombs.

Vers la fin de la saison, un mois avant de remettre le poulain à l'herbe, on pourra le faire monter chaque jour par un jeune lad de poids très-léger. On prendra, comme il va sans dire, toutes les précautions possibles pour prévenir les bonds et les sauts provenant d'effroi ou même de gaieté. Ce ne sera qu'après une longue promenade et un peu d'exercice à la longe qu'on devra, les premières fois surtout, faire monter le poulain. De ses premières impressions au montoir, dépendent surtout sa sagesse et sa douceur ultérieures.

On l'exercera à tourner à droite et à gauche, et l'action des rênes, confiées au jeune cavalier, devra reproduire tous les effets obtenus de pied ferme ; les arrêts seront secondés par la voix, et le lad, pendant les premiers jours, ne se servira que de ses jambes et de ses talons pour porter son cheval en avant, en même temps que le teneur de longe exercera une traction pour seconder l'action encore mal comprise des jambes du cavalier.

Si l'animal est d'une nature froide et calme, s'il se montre peu sensible aux jambes, on fera tenir au jeune garçon une petite gaule dans chaque main et il devra en donner de petits coups à son cheval pour seconder l'effet de ses

jambes. L'extrémité de la gaule atteindra derrière les sangles et y demeurera appuyée après
chaque coup qui s'associera à l'action stimulante des mollets. Peu de jours suffiront pour
donner au poulain le degré de sensibilité et de
soumission voulues aux aides; il pourra dès lors
être monté libre. Les premières fois qu'on le
montera sans longe, il sera bon d'avoir un moniteur qui précédera ce jeune animal, pour le
mettre en confiance et l'exciter par l'exemple
à se porter franchement en avant et à répondre
aux indications de son cavalier. On se bornera
d'abord à des promenades au pas, puis vers la
fin de la leçon, on pourra pendant quelques
minutes demander un trot d'exercice, qu'on se
donnera de garde d'activer. Le moniteur mar-
chera à côté de son élève à une allure réglée.

Au bout d'un mois de ce travail complémen-
taire, monté, le poulain devra être entièrement
sage, maniable et préparé pour le dressage définitif qu'il subira dans la troisième année.

On a compris dans ce qui précède et d'après
les détails minutieux où je suis entré, l'importance d'une préparation à 2 ans, à condition
toutefois qu'elle n'amène jamais l'épuisement,
ni même la fatigue, et qu'elle soit favorisée par
une bonne hygiène.

DRESSAGE & ENTRAINEMENT

LE DRESSAGE ET L'ENTRAINEMENT DU TROTTEUR
A TROIS ANS.

L'entraîneur auquel on confie un jeune cheval, accepte évidemment une mission difficile et une responsabilité dont il doit, avant tout, mesurer l'étendue. De l'échec ou du succès dépendent pour lui non-seulement une perte ou un gain, mais, ce qui est beaucoup plus sérieux, une atteinte portée à sa réputation, ou un titre nouveau à la confiance et à l'estime des propriétaires-éleveurs. Ce n'est donc point à l'aventure qu'il doit accepter la préparation d'un animal dont le maître attend ordinairement de brillants résultats, sur lequel il fonde de grandes espérances.

Le premier soin d'un bon entraîneur sera dès lors de se renseigner exactement sur l'origine du poulain et de l'examiner attentivement dans toutes ses parties.

L'origine de l'animal doit faire pressentir les qualités futures du sujet et indiquer la nature du tempérament, les aptitudes et le caractère, choses qui mettent l'entraîneur sur la voie à suivre dans la préparation, autrement dit sur la somme de travail à donner, sur l'alimentation,

3.

et enfin sur les ménagements à garder, pendant les diverses périodes de l'entraînement.

L'examen minutieux du jeune animal doit révéler l'état physiologique, en général, l'alimentation plus ou moins riche qu'il aura pu ou dû recevoir, et enfin les tares ou défectuosités de toute nature qui, dans une certaine mesure, doivent compromettre l'avenir d'un trotteur.

Au moment de la prise en charge, le propriétaire sera renseigné par son entraîneur sur la valeur réelle de son poulain, et enfin le dresseur doit avec circonspection faire à l'éleveur toutes les questions possibles en vue de mieux connaître le caractère, le tempérament et même le degré d'éducation de son futur élève.

De l'état où se présente le poulain, au moment où il entre en training, résulte généralement le plus ou moins de rapidité de sa mise en condition.

Un poulain maigre, décorsé, dépourvu de muscles, a besoin d'être refait. Il ne peut supporter que des promenades de santé, et jusqu'à ce qu'il ait profité de la nourriture sèche à laquelle il est exclusivement soumis, jusqu'à ce qu'il ait repris de la chair et de la force, un temps précieux s'écoule; telles précautions qu'on prenne, on ne peut préciser l'époque où l'animal subira et supportera sans fatigue des exercices fréquents et prolongés. Un trotteur doit être

plus riche en muscles ou plus en chair qu'un
cheval de pur-sang, sa vraie forme est bien
différente de celle de ce dernier. Le jeune trotteur surtout qui n'est point tout à fait venu et
qui, au point de vue de son développement général, est de plus d'un an en retard sur le cheval de sang, doit être beaucoup moins entraîné
que ce dernier, conserver du gros et un certain
degré d'ampleur.

Conséquemment, ce futur trotteur qui va commencer le travail, ne peut être en trop bon état,
car ses muscles deviendront puissants et se dur-
ciront sous l'influence de l'exercice, sans pour
cela prendre une forme trop accusée ni que
l'animal, je le répète, offre un aspect sensiblement amoindri.

Si j'insiste sur ce point, c'est que j'ai eu fréquemment l'occasion de constater deux fautes
également regrettables. La première qui consiste
à commencer l'entraînement d'un animal pauvre et sans puissance musculaire, dans l'espoir
qu'il acquerra ce qui lui manque en travaillant ;
la seconde, qui est la conséquence d'un travail
trop précipité infligé au poulain qui a trop
d'état : l'abus des suées répétées et des médecines.

Un poulain trop lourd dans son dessus ou
ventru, se trouvera donc également dans des
conditions physiologiques désavantageuses pour

commencer le training; il y aura là encore
perte de temps, et là encore l'homme spécial
sera retardé dans l'accomplissement de son
œuvre.

Il serait assurément préférable que l'éleveur
préparât son cheval avant de le mettre en entraînement, soit en lui faisant prendre une médecine pour le débarrasser de son ventre, soit en
lui faisant donner une alimentation tonique sous
un moindre volume et en lui faisant faire de
longues promenades. Rien de plus abusif que
de laisser à l'entraînement les soins fort coûteux
d'une simple préparation hygiénique qui in-
combe tout directement et plus pratiquement à
l'éleveur.

Quoi qu'il en soit, et comme malheureusement tous mes lecteurs ne suivront point et ne
sont point en position de suivre toutes mes indications, je puis et dois supposer le poulain
dans toutes les conditions où il peut se présenter entre les mains de l'entraîneur, et indiquer les précautions qu'il faut prendre pour
réparer les fautes d'un élevage mal compris
ou qui résultent de la nature même des herbes
plus ou moins abondantes où l'animal a passé
une partie de la troisième année de sa vie.

Il y a des saisons néfastes pour l'élevage. Les
grandes sécheresses arrêtent leur crue, et bien
qu'on ait soin de suppléer au défaut de richesse

du sol par une forte ration d'herbe, ce supplément n'équivaut point à l'action vivifiante d'un sol riche. Le poulain souffre de la chaleur excessive, d'autre part, au contraire, une saison pluvieuse, quoiqu'en faisant pousser une herbe abondante, lui enlève une partie de ses propriétés stimulantes. Elle est chargée d'humidité et d'une digestion difficile. Le jeune animal est exposé aux refroidissements et à de fréquentes indispositions qui retardent sa croissance. Quoi qu'on fasse et telle surveillance qu'on exerce, il est donc souvent bien difficile d'amener le meilleur poulain à ce degré de santé et de force qui le prédisposent à l'entraînement. La carrière de l'éleveur est semée de déceptions, et, pour ne pas se livrer au découragement, il faut qu'il soit doué d'une passion réelle, secondée par une connaissance approfondie de la question, et qu'il se livre à une constante observation de la nature et des faits particuliers et si variés où elle se révèle.

L'observation est aussi la qualité essentielle du bon entraîneur et aucune des indications que nous pouvons lui donner ici ne peuvent tenir lieu d'un coup d'œil investigateur et d'un sens intime qui doivent sans cesse le guider dans les soins hygiéniques, comme dans ses exigences.

ÉDUCATION

ÉDUCATION.

Reprenons à sa seconde rentrée à l'écurie le poulain que nous quittons au moment où il retourne à l'herbage, et voyons quels doivent être ses enseignements et les soins dont il doit être l'objet pendant la saison rigoureuse. Cette deuxième préparation aura un caractère plus sérieux sans doute que la première, et d'elle dépendra, on peut l'affirmer, la sagesse et la soumission que l'animal révélera à 3 ans, lorsque l'entraîneur commencera à s'en occuper en vue de ses débuts dans les courses.

Le poulain qui arrive à la seconde période de son éducation doit être rentré avant les mauvais jours et les froids rigoureux; sinon il serait exposé à perdre de son état, à s'appauvrir et passerait un hiver peu favorable au développement de ses forces. Aussitôt qu'il est rentré, et sans lui laisser un repos absolu, comme il arrive souvent, on doit recommencer à le manier, à lui lever les pieds et à lui faire accepter les premiers soins d'écurie. On devra lui faire parer les pieds, les graisser s'ils sont trop secs, et conserver les talons et la fourchette dans toute leur force et croissance.

Le poulain doit être promené chaque jour ou lâché dans un paddock. Il fera bon de lui mettre un bridon, dont le mors sera gros et recouvert d'un cuir épais, et de l'habituer à se laisser conduire en main par les rênes de ce bridon. Il faudra sans retard familiariser le jeune animal à la sangle et à la couverture qu'on ne lui laissera pas constamment, puisqu'il faut le conserver pendant l'hiver dans les conditions hygiéniques où il a dû être élevé. Il ne sera, dans aucun cas, placé dans une écurie trop chaude, mais, au contraire, aérée et fraîche, sans courants d'air. La litière sera abondante. Le poulain ne doit pas se trouver constamment sur un sol pavé, et ce pavage n'aura aucune inclinaison et demeurera complétement uni pour le conserver régulier dans ses aplombs, et ne pas favoriser une partie aux dépens de l'autre. Le ratelier sera aussi élevé que possible pour amener graduellement l'animal au soutien de l'encolure, qui n'est que trop naturellement affaissée dans l'herbage.

Le pansage se bornera à l'emploi de la brosse de chiendent et du bouchon de foin humide; le massage prolongé au bouchon est fortifiant; il favorise les sécrétions de la peau, et, d'ailleurs, habitue le poulain aux soins d'écurie qu'il est destiné à recevoir complétement, aussitôt qu'il passera entre les mains de l'entraîneur. Il ne faudra pas oublier de lui laver les pieds chaque jour, sans mouiller les jambes, qui devront être nettoyées à la brosse de chiendent et au bouchon.

Lorsque le poulain acceptera sans effroi et avec douceur tous les maniements que nous venons de prescrire, il sera temps de se préoccuper d'une partie de l'éducation qui, sans doute, se rattache au dressage proprement dit, mais que nous considérons ici comme partie intégrante de la préparation au dressage qui, lui, ne commence véritablement qu'à trois ans et est exclusivement l'affaire de l'entraîneur. Le poulain qui arrive à deux ans doit apprendre cependant élémentairement les moyens dont le cavalier ou le cocher se servent pour le diriger, l'arrêter, régler ou suspendre son allure.

Ce sera à la main et de pied ferme que ces premiers éléments d'éducation lui seront donnés. On choisira pour ces premiers exercices un lieu retiré où l'animal n'entende aucun bruit et n'ait aucune distraction.

Nous avons déjà fait comprendre à nos lecteurs l'importance que nous attachions au soutien et à l'élévation de l'encolure chez le trotteur. Nous reviendrons plus d'une fois sur cette importante question ; il suffit ici, et dès le début du travail, de rappeler au lecteur qu'en vue d'un résultat qu'on désire et d'un but que l'on doit constamment poursuivre, il ne faut jamais s'écarter des moyens dont on reconnaît l'efficacité, et en faire l'application constante et méthodique.

Les Américains, plus praticiens que méthodistes et théoriciens, ont reconnu à la longue les inconvénients graves de l'affaissement de l'encolure, dont la conséquence était, presque toujours, de rendre les chevaux « *pullers* » et désordonnés dans leurs allures. Recherchant, dès lors, une légèreté relative, ils ont tâché, par des moyens artificiels, de relever l'encolure et de donner ainsi plus facilement l'impulsion régulière.

Sans blâmer, comme nous le dirons plus tard, l'enrênement (overdraw), qui vient puissamment en aide au driver surtout, nous pensons qu'un travail préparatoire à la main, pratiqué dès le jeune âge, doit, dans bien des cas, dispenser ultérieurement de tout système d'enrênement et amener l'animal à une soumission et à une harmonie de mouvements constantes.

C'est par des flexions d'élévation exercées de bonne heure et continuées pendant toute la période du dressage et de l'entraînement, que nous prétendons arriver avec tous les chevaux, bien conformés du reste, à imprimer à l'encolure le soutien désirable et, par suite, la répartition harmonieuse du poids sur l'avant et sur l'arrière-main. C'est par là que nous devons arriver à cette légèreté relative, qui permet de régler et de contenir les allures. Nous disons « *relative* », car nous n'admettons pas qu'un trotteur de sang et d'origine puisse se livrer à ses grandes allures sans une contraction d'encolure favorable, d'ailleurs, et résultant *ipso facto* d'un grand développement de forces musculaires et d'influx nerveux, et, sans être un « puller » qui s'appesantit sur la main, le beau trotteur se poussera en avant et présentera à la main qui le modère une résistance dont on triomphe toujours, mais qui nécessite l'emploi plus ou moins grand, plus ou moins constant d'une force dominatrice. Il existe, et nous l'avons constaté, quelques exceptions à cette règle, autrement dit, certains trotteurs d'une légèreté presque embarrassante, car ils semblent fuir la main. Toutefois, nous n'avons point à nous occuper ici des exceptions, mais bien de la règle générale.

Ces élévations d'encolure se font de la manière suivante : On se place en face du poulain, puis, saisissant de chaque main une rêne du bridon aussi près que possible de l'anneau du mors, on élève graduellement les mains en attirant sans à-coups la tête de l'animal, jusqu'à ce que cette même tête et l'encolure aient atteint, sans effort, sans lutte, un certain degré d'élévation. On rend ensuite les mains, on flatte l'animal, en lui passant la main sur le front et lui parlant doucement. On recommence en exigeant chaque fois un peu plus d'élévation, jusqu'à ce qu'on ait atteint le plus grand soutien possible et que l'animal conserve, de lui-même, l'attitude qu'on cherche à lui donner. Il ne tardera pas à relever la tête à une légère sollicitation, et, au bout de quelques leçons, il suffira de l'effet d'une des rênes pour obtenir l'élévation. Cet exercice se prolongera pendant 10 minutes chaque jour ; après quoi on procédera à la leçon, non moins importante, qui consiste à porter le cheval en avant, en l'attirant à soi avec les rênes du bridon et en lui frappant au poitrail de petits coups avec la cravache (système Baucher).

On retire les rênes de dessus l'encolure et, les tenant réunies dans la main gauche, à 20 centimètres de la bouche du cheval, on attire l'animal en appelant de la langue et en le touchant légèrement au poitrail, jusqu'à ce qu'il ait compris l'effet des rênes agissant par traction, l'appel de la langue et enfin l'action stimulante de la cravache. Ai-je besoin de dire que cette leçon doit être donnée avec douceur, progression et patience ? Après chaque pas fait en avant dans ces conditions, il faut arrêter, caresser le cheval et, de temps en temps, lui donner une carotte ou une poignée d'avoine. On continuera cet exercice jusqu'à entière soumission, et si l'on s'y prend avec soin et tact, le poulain se portera en avant sans hésitation, au bout de deux ou trois leçons.

J'insiste ici sur l'importance de ne passer à une exigence nouvelle, que lorsque l'animal a complétement accepté la précédente, et a gardé une solide impression de ce qui lui a été montré.

Lorsque le poulain se porte franchement en avant sur la traction, et qu'il soutient sa tête et son encolure aux actions du bas en haut de la main, comme aussi aux oppositions de la main pour arrêter, et qui se sont produites sans avoir besoin de s'y appesantir, entre tous les effets de traction secondée par la cravache, il est temps de faire connaître au jeune cheval l'action de la cravache, pour déplacer sa croupe à droite et à gauche, en même temps que (comme nous le verrons tout à l'heure) pour déterminer l'impulsion en avant.

Le dresseur, après avoir saisi de la main gauche la rêne gauche du bridon près de la bouche, de manière à empêcher l'animal de se porter brusquement en avant, appuie sa cravache au flanc de son cheval et, à petits coups renouvelés, cherche à déplacer sa croupe de gauche à droite, d'un pas ou deux, puis l'arrête et le flatte. Il se place ensuite à l'épaule droite, saisit la rêne de la main droite, sa cravache de la main gauche et provoque le même déplace-men de la croupe, mais de droite à gauche.

Lorsqu'il aura atteint le résultat qu'il se pro-posait, le dresseur, tout en attirant le poulain en avant, mais très-graduellement, cherche à obtenir le déplacement de hanches sous l'in-fluence de la cravache, en laissant l'avant-main se mouvoir et, s'il se peut, participer au mou-vement latéral et de croisement des membres postérieurs, tout en se portant un peu en avant.

Enfin, lorsque après quelques leçons on aura obtenu l'élévation de l'encolure, la franchise de progression par la traction, le déplacement de la croupe au toucher de la cravache, de pied ferme et en marchant très-lentement, on pro-cédera à l'application de la cravache, comme aide déterminante et éminemment impulsive sur la ligne droite, et l'on atteindra prompte-ment ce but de la manière suivante :

On se place près d'un mur ou d'une lice, puis, prenant les deux rênes de bridon de la main gauche et, marchant un peu en avant de l'épaule gauche du cheval et de côté, on attire et dirige le poulain doucement le long de ce mur, et alors on commence à activer sa marche en le frappant de la cravache derrière les san-gles et en accompagnant ces stimulants de l'ap-

pel de la langue, dont on n'abusera pas, et
auquel on donne toute sa valeur en le faisant en-
tendre au moment qui précède immédiatement
le coup de cravache. Il va sans dire que cette
leçon se composera d'une succession de départs
et d'arrêts, et que les premiers seront toujours
déterminés par le toucher de la cravache et
l'appel de la langue, et qu'enfin ils seront pra-
tiqués également aux deux mains.

Quant aux arrêts, ils seront secondés par la
voix, qui doit avoir toute sa signification ; le oh !
doit être le synonyme de l'action dominatrice
du mors, comme l'appel de la langue celui de
l'aide impulsive de la cravache.

Le tout doit être clairement énoncé, avec al-
ternatives fréquentes de repos et de caresses,
en sorte que chaque leçon laisse une impression
durable et que les moyens identiques obtien-
nent des effets identiques, bien distincts les
uns des autres.

Nous terminerons ce chapitre en prescrivant
au dresseur de faire reculer le poulain sous
l'action du bridon. Il se placera en face de lui
tout comme lorsqu'il voulait lui relever l'encolure, et cherchera, par une opposition soutenue des mains, à provoquer un mouvement
rétrograde si minime qu'il soit, puis s'empres-
sera d'attirer le cheval en avant. Ce reculer
devra se reproduire à la fin de chaque leçon, à

plusieurs reprises ; mais il doit se faire droit, lentement, un pas ou deux à chaque fois.

L'entraînement du trotteur, comme celui du « *racer*, » peut se diviser en périodes distinctes selon les résultats qu'on doit atteindre dans chacune d'elles. Nous partagerons donc en trois séries d'exercices le training du poulain que nous voyons arriver à trois ans dans l'écurie de l'entraîneur.

La première comprendra la continuation du dressage, la préparation hygiénique, ou mise en travail du jeune animal.

La seconde, les exercices proprement dits qui doivent développer sa force musculaire, le débarrasser du superflu des parties adipeuses, rendre enfin sa respiration plus puissante et plus facile.

Le cheval, à la fin de cette période, devra être déjà ferme dans toutes ses parties musculeuses, et sans avoir encore révélé toute sa vitesse, devra avoir, parfois au moins, fait pressentir à son cavalier la puissance de ses moyens.

La troisième période sera consacrée à des exercices plus soutenus et à un accroissement gradué d'une rapidité qu'on appellera désormais le train (the gate), et où l'animal doit donner le dernier mot de sa vitesse, sans avoir besoin d'être stimulée, mais cependant sans qu'on ait à la contenir et à en modérer l'expansion.

C'est dans cette période, comme nous le verrons plus tard, qu'auront lieu les essais, et que l'entraîneur pourra se faire une idée juste de ses chances de succès et de la bonne préparation de son jeune sujet.

ENTRAINEMENT

4.

PREMIÈRE PÉRIODE.

Si le poulain a été préparé et éduqué à deux ans comme nous l'avons prescrit, l'entraîneur ne rencontrera aucune difficulté sérieuse pour compléter une œuvre si bien commencée, et au bout de quinze jours, il aura atteint le degré de dressage suffisant pour procéder aux exercices élémentaires qui consistent évidemment en promenades au pas, et en quelques temps de trot à une allure très-modérée, toujours régulière, et tenant le milieu entre le petit trot et ce que nous appellerons le trot de course.

Si l'entraîneur s'est bien pénétré de l'idée qui nous a inspiré nos enseignements concernant le premier dressage du poulain, il n'aura pas de peine à comprendre qu'en suivant la même progression, et en augmentant ses exigences en raison de l'âge et de la force acquis, il doit obtenir ce désideratum, qui se résume, en définitive, de la manière suivante : acceptation de tous les maniements, soumission aux aides impulsives, déplacements de la croupe de gauche à droite et de droite à gauche, arrêts faciles et enfin « reculer. » Il appréciera toute l'importance de l'influence de la voix pour calmer et suspendre au besoin le mouvement, *presque sans le secours des rênes*. Si, comme nous le suppo-

sons, il est vraiment praticien, l'entraîneur reconnaîtra la nécessité de rendre son élève aussi
docile que possible à l'action de la main, autant dans les changements de direction que dans
les effets d'élévation qui, comme nous l'avons
dit et ne saurions trop le répéter, sont destinés
à régulariser l'allure, à dégager l'avant-main,
et à dominer l'arrière-main lorsque le désordre
vient à se produire.

Le jeune cheval en dressage devra être poussé
en avant par les jambes et les talons « *sans éperons,* » mais secondés par l'emploi des deux
gaules, qui chasseront activement la masse en
avant, rendront le jeune cheval sensible aux
aides et ne provoqueront jamais de défense (1).

Lorsque l'entraîneur mettra le poulain à la
longe, le « *lad* » se servira, selon l'indication
donnée, de l'une ou l'autre gaule ou cravache,
pour activer le côté du dehors du cercle, et
dans les excitations impulsives, l'appel de langue précédera toujours l'attaque de la gaule
qui, elle, ne fera qu'accentuer celles des jambes. Ce sera de la concordance de ces trois actions que pourra résulter l'impulsion franche et

---

(1) Lorsque le dressage est complet, le jockey peut se
servir de ses éperons, si le besoin s'en fait sentir, pendant
les exercices de vitesse, cependant nous en déconseillons
l'emploi avec les juments et n'hésitons pas à *proscrire* les
molettes piquantes.

subite, dont on aura plus tard l'occasion de retrouver les avantages dans les moments décisifs.

Les arrêts seront gradués du trot au pas, et
toujours accompagnés de la voix, dont l'intonation sera douce et d'accord avec l'effet des rênes. L'arrêt brusque, instantané, ne sera exigé
qu'au pas ; l'accent de la voix sera alors bref et
impératif, et chaque fois qu'il aura exercé sur
l'animal l'influence qu'il se propose, il sera bon
de flatter ce dernier et de lui laisser quelques
instants de repos ou de suspension dans le travail. Dans le cas d'un désordre et d'une action
immodérée, le teneur de longe devra faire sentir,
sans à-coup violent toutefois, l'action du caveçon, qui donnera à la voix et aux rênes leur efficacité ou leur signification momentanément
méconnues.

J'ai parlé de la nécessité du reculer comme
moyen d'assouplissement de l'arrière-main et
de la domination de cette partie sous l'influence
de la main ; mais cet exercice a encore un autre
but à nos yeux, dont la définition trouve ici sa
place naturelle et opportune. Chaque fois qu'on
obtient un mouvement rétrograde, il est indispensable de reporter activement l'animal en
avant à l'aide des jambes, des deux gaules, et
enfin d'une traction de la longe. La concordance ou simultanéité de ces aides amènera
promptement chez l'animal la plus complète

soumission ; elle activera l'arrière-main et tendra à accroître sa souplesse et sa force impulsive. Il va sans dire que ce reculer devra s'exécuter bien droit, et dans le cas d'une déviation de la ligne, la gaule ou cravache vient aussitôt redresser la croupe et forcer l'animal à répondre aux oppositions égales des deux rênes. On voit donc que dans cet exercice méthodique, se trouvent appliqués, avec toute leur puissance, les aides inférieures destinées à augmenter l'impulsion et à répartir également le poids de la masse.

On rencontre certains chevaux qui présentent une grande difficulté au reculer, et les dresseurs inexpérimentés ont alors recours aux caveçon pour obtenir la marche rétrograde.

Lorsqu'un cas de cette nature se rencontre, et si le cheval a été, au préalable, mobilisé avec la gaule de pied ferme, il suffira pour combattre victorieusement la résistance, de déplacer à l'aide de cette gaule l'un des membres postérieurs et, dans le moment où il se lève, d'opposer la main qui forcera ce membre à se poser en arrière. On peut encore obtenir le même résultat en provoquant le lever d'un membre antérieur, comme si l'on voulait porter l'animal en avant et en profitant du lever pour forcer le poser du membre en arrière, ce qui déterminera assurément le reculer. Il s'agit donc, en résumé, dans l'hypothèse d'une résistance, de mobiliser l'avant ou l'arrière-main pour obtenir, sans efforts ni moyens violents, le déplacement du corps d'avant en arrière.

En définitive, un trotteur dont on veut utiliser et dominer les moyens, monté et attelé, doit être absolument souple, soumis aux aides et docile à la *voix*.

Nous avons vu des trotteurs américains qui donnaient énergiquement dans la main, dans tout leur train, et qui s'arrêtaient presque sans rênes, à la voix, se remettant au pas avec le plus grand calme. On peut juger, par ce fait, des conditions supérieures où se présenterait sur l'hippodrome un driver intelligent et qui aurait atteint un tel degré de domination.

Le peu que nous venons de dire sur le dressage préparatoire, suffira, nous le pensons, pour ouvrir la voie au praticien qui nous lira attentivement et aura fixé son attention sur les points saillants qui forment la base d'une bonne éducation.

Nous avons parlé plus haut des conditions plus ou moins avantageuses dans lesquelles le poulain arrivait au training ; c'est donc le moment de revenir sur ce sujet et d'indiquer sommairement les soins hygiéniques propres à égaliser les conditions de travail où chaque animal doit se trouver au moment où il arrive à la seconde période de son training.

Le poulain qui rentre pauvre d'état, en mauvais poil, peut avoir été privé d'une nourriture abondante ou suffisante, eu égard à son rapide développement.

Il peut être d'un tempérament nerveux et impressionnable.

Son état peut enfin résulter d'une indisposition ou d'une cause morbide cachée, telle que les vers.

Dans le premier cas, il suffira d'une bonne alimentation administrée avec une sage progression pour refaire promptement le jeune animal ; des mashes chaudes d'avoine, de farine d'orge et de graine de lin, ajoutées une ou deux fois par semaine à sa ration, ne tarderont pas à produire les plus appréciables effets et à rassurer l'entraîneur sur l'avenir de son cheval.

Dans le second cas, si l'état général tient au tempérament et révèle la prédominance prononcée du système nerveux, il faudra que le poulain soit l'objet de soins hygiéniques plus particuliers. On devra lui choisir sa nourriture, lui donner des mashes plusieurs fois la semaine, le mettre dans une box spacieuse où il soit calme et n'ait aucune surexcitation. Ses exercices et même son dressage seront dirigés avec plus de ménagements. On le calmera, l'adoucira, l'endormira en quelque sorte, se préoccupant bien plus encore de sa santé et de sa condition physique, que de son entraînement. Bien des animaux à grands moyens sont perdus à jamais par la précipitation qu'on apporte à leur dressage et au développement de leurs qualités natives. Les chevaux nerveux, petits mangeurs et de grande origine, sont souvent doués d'allures précocement rapides : ils dépensent une énergie démesurée dans leurs exercices et reviennent à l'écurie surexcités, agacés , au point de refuser leur ration ; et encore, s'ils arrivent à la manger lentement, leur digestion se fait-elle mal et l'assimilation est-elle incomplète. Avec de tels animaux, il faut savoir attendre, calmer leur exubérance et fonder son espoir, à un moment donné, sur la richesse de leur sang et ces aptitudes héréditaires qu'il faut contenir à l'état latent et réserver pour le jour de la lutte.

Le poulain qui a des vers, fait connaître son état pathologique après quelques jours d'écurie. Il mange avidement parfois sa ration, sans qu'elle lui profite ; d'autres fois, son appétit est inégal et capricieux, souvent ses crottins sont de mauvaise nature. Il se tracasse, frappe du pied, son œil est fixe et il a des coliques. Un homme de l'art prescrira aussitôt un vermifuge, dont il peut seul apprécier la dose, et l'on ne tardera pas à en constater les heureux résultats.

Le poulain qui a trop d'état, autrement dit,

dont le dessus est trop lourd pour le dessous, ne peut pas non plus être livré sans inconvénient aux exercices de la seconde période. Ses articulations seraient promptement éprouvées et ses aplombs ébranlés. C'est donc pendant la phase du dressage qu'il doit être ramené à un état normal.

On réduira sa ration de foin, supprimera la paille, administrera de temps à autre le sulfate de soude dans son barbotage, et enfin si le résultat demeurait insignifiant, il serait opportun de recourir à une médecine pour âge, après avoir mis pendant un ou deux jours le jeune animal à un régime rafraîchissant et à la diète. Quant à la composition de cette médecine, il faut en laisser le soin aux pharmaciens spéciaux en renom, et qui ne se servent que de l'aloës de première qualité. L'efficacité du médicament dépend entièrement de sa bonne préparation, et sur ce point, un entraîneur prudent et expérimenté s'adresse généralement aux pharmacies anglaises où les médecines sont préparées avec le plus de soin et de conscience.

Le cheval gros mangeur et qui consomme même sa litière, doit avoir une muselière pendant la nuit et être ainsi réglé dans son alimentation. Il ne tardera pas à perdre son ventre, et ses muscles devenant plus fermes, lui permettront de prendre sans fatigue les exercices qui préviendront alors le retour d'une obésité nuisible.

Nous considérons la première période du training, qui n'en est pas la moins importante, comme devant durer au moins six semaines, lesquelles, utilement employées, rendront plus prompts et plus certains les résultats qu'on se propose d'atteindre dans la seconde.

Selon la température et la condition des animaux, les promenades au pas seront faites avec ou sans les couvertures. Il faut en général éviter de tenir trop chaudement le jeune cheval, maintenir sa box ou son écurie aérées et fraîches ; éviter les courants d'air et surtout les refroidissements après le travail.

L'entraîneur éclairé ne fait jamais abus des médecines, il en connaît les inconvénients et même les dangers. Elles ont assurément pour conséquence de hâter la condition, apparente du moins, mais en revanche, leurs effets sont trompeurs ; elles émacient et dessèchent en quelque sorte les muscles, en les débarrassant des tissus adipeux; elles produisent à l'intérieur le même phénomène, mais elles apportent dans l'économie générale une perturbation et une irritation qui ne peuvent se produire, sans danger, qu'à de longs intervalles. La médecine interrompt plus ou moins longtemps le travail, car il y a des natures qu'elle éprouve notablement et qui s'en trouvent très-affaiblies. Une médecine trop faible fatigue inutilement l'animal ; une trop forte peut déterminer des inflammations graves. La dose juste est difficile à apprécier ; c'est l'homme de l'art, éclairé par les indications de l'entraîneur, qui seul peut décider en pareille matière, et l'expérience nous a démontré le danger qu'il pouvait y avoir à prendre une résolution sans avoir consulté un vétérinaire qui soit initié à la question de l'entraînement.

Avant de terminer ce chapitre, nous ne pouvons omettre de dire à nos lecteurs quelques mots de la ferrure la mieux appropriée au jeune cheval. Si les exercices doivent avoir lieu sur le gazon ou tout autre terrain doux, le meilleur fer est celui dit à lunette, qui protége la partie antérieure de la paroi, mais qui, permettant au pied son appui sur les talons et la fourchette, favorise l'élasticité et le développement des quartiers. On ne doit jamais, et dans aucun cas, amoindrir la fourchette et affaiblir la sole qui, par son contact avec le sol, s'usera suffisamment et atteindra toute la force et le développement désirables. D'autre part, un fer aussi léger que possible est indiqué pour le jeune animal qui n'a point encore enduré cette plus ou moins gênante sujétion. Nous parlerons bientôt de l'emploi, alors motivé, des poids à l'américaine qui eux, auront pour but spécial de régulariser la marche et de déterminer l'extension des membres dans la progression.

Nos lecteurs trouveront à la fin de ce travail un recueil d'utiles recettes pour seconder les soins hygiéniques, comme aussi la reproduction exacte des divers engins, poids, bottines, etc., auquel l'entraîneur doit avoir recours dans l'accomplissement de son œuvre.

DU DRIVER

DU DRIVER.

Un bon driver est au moins aussi rare qu'un bon jockey, car il doit trouver dans le tact, l'habileté de sa main et son sentiment parfait des moyens de son cheval, tout ce que le cavalier apprécie plus directement, puisqu'il est en contact avec lui, et peut lui communiquer, par ses aides, sa pensée immédiate, agir sur tout son organisme et provoquer opportunément une action continue sans à-coups et sans surprise. Nous possédons en France bien peu de bons drivers, et j'ai connu d'excellents cavaliers, qui étaient hors d'état de donner à leur cheval attelé le train qu'il avait sous eux dans les courses montées. Le trotteur attelé réclame une grande fixité de main, de grands ménagements dans sa conduite et un sang-froid extrême qui sache à propos activer et laisser se détendre les forces épuisées. Même pendant un parcours de 1,600 mètres, le trotteur de premier ordre ne pourrait marcher le même train, et pour peu qu'on divise le mille en quatre parties, on reconnaîtra au chronomètre, que ces quatre fractions sont faites dans des temps dissemblables ; or, un bon driver ménagera toujours les forces de son trotteur pour le « quart de mille d'arrivée, » qui décide de la course et démontre la véritable supériorité de l'animal. C'est un grand art assurément que celui de répartir utilement l'effort sur une distance donnée et, dans les courses d'épreuves, d'apprécier si juste la résistance de l'animal, qu'on puisse lui laisser, sans inquiétude ni émotion, perdre une première épreuve. Le cheval à qualités ressent immédiatement sur sa bouche la préoccupation et la nervosité de son conducteur. Il devient lui-même inquiet, incertain et inégal, son action est immodérée et il semble toujours prêt à s'enlever. Les drivers américains sont célèbres à juste titre, mais leur supériorité tient aussi, en grande partie, à l'habitude des luttes si souvent renouvelées, que leur impressionnabilité finit par s'émousser et qu'ils gardent une complète possession d'eux-mêmes.

La bonne position du driver sur son sulky ou son wagon, n'est point indifférente, car elle contribue sensiblement à rendre la conduite du cheval plus juste et plus sûre. Le driver doit avoir le buste soutenu, mais non exagérément porté en arrière; il aura la poitrine bien ouverte, les épaules effacées et les coudes au corps. Il sera carrément assis et ses mains demeureront à une distance égale de son corps, les bras

demi tendus ; le corps ne se laissera jamais entraîner en avant. Dans certains cas, il effectuera
au contraire quelques retraites pour donner
éventuellement plus de force aux poignets, qui
ne doivent jamais se laisser ébranler, mais
fournir l'appui que comporte l'animal, et ré-
sister à une contraction musculaire anormale,
qui amènerait inévitablement un enlever difficile à réprimer.

Le maniement des guides en course n'a aucun rapport avec celui du cocher dirigeant un
cheval de service. Le plus simple et le plus
primitif est le meilleur, lorsqu'on ne fait pas
usage des guides à poignées, dont nous reparle-
rons plus tard.

La tenue des guides, que l'expérience m'a autorisé à préconiser, est identique à celle du
bridon en rênes séparées. La guide doit passer
entre le petit doigt et l'annulaire de chaque
main et l'excédant de la guide droite venir se
croiser sur celui de la gauche, en sorte que les
deux poignets fermés sur les guides ainsi croi-
sées, empêchent l'une ou l'autre des guides de
glisser dans la main. Les deux poignets, comme
je l'ai dit, à même distance du corps et séparés
l'un de l'autre de 10 à 15 centimètres, forment
un carré et les guides doivent être, dès le départ,
assujetties de manière à n'être que très-rarement
raccourcies. On a soin, du reste, de faire coudre

sur les guides des arrêts en cuir qui les empêchent de glisser dans les doigts. Dans la position que nous prescrivons, les poignets doivent
être retournés de manière à ce que les ongles
soient tout à fait en dessous, et que, dans les
actions latérales, il suffise de tourner les poignets de dedans en dehors pour exercer, sans
déplacement apparent des mains, une action juste
et puissante sur la bouche du cheval, et c'est
au moyen de ces légères inflexions de poignet,
que se font ces petites remises de main qui ra-
fraîchissent la bouche, permettent une décontraction de mâchoire et réveillent la sensibilité
des barres émoussées par un trop constant appui. C'est enfin par ces effets motivés de poignets
qu'on ralentit à propos un mouvement trop exa-
géré d'une épaule et qu'on paralyse ou suspend
un enlever imminent.

Nous avons insisté sur la nécessité de l'appui
que doit prendre sur la main tout trotteur puis-
sant et rapide, et nous avons cherché à expli-
quer la véritable cause de cet inconvénient relatif. C'est au bon driver à en amoindrir les
effets et à conserver à l'animal une position régulière et un soutien d'encolure qui permettent
de contenir l'avant-main et de réagir utilement
et avec opportunité sur l'arrière-main. Ce sera
donc au moyen de l'enrênement à l'américaine
et grâce à une main fixe, mais souple, et re-

prenant puis rendant fréquemment, qu'on peut
arriver à maintenir l'harmonie tout en accélé-
rant la vitesse.

En parlant de l'éducation et du dressage
du trotteur, je me suis étendu sur l'influence
que la voix de l'homme devait avoir sur lui ultérieurement, pendant les courses, « ou comme
stimulant, ou comme calmant ; » or, c'est surtout le driver qui doit tirer le plus grand parti
de nos indications sur ce point intéressant et
spécial du dressage.

Nos lecteurs ont dû remarquer l'importance
que nous attachions à l'influence de la voix, en
leur annonçant que, dans bien des circonstances,
elle serait une aide d'une grande efficacité. En
affirmant ce fait, je pensais surtout au driver
qui a une action moins directe sur son cheval,
qui a, sans doute, sa cravache comme stimulant
dans un cas extrême, mais qui, dans la plupart
des occasions, hésite à s'en servir de peur de
provoquer un désordre, et surtout de perdre
momentanément, et ne fût-ce que partielle-
ment, le contact de la bouche de son cheval.
Or, la voix peut remplacer la cravache avec
avantage, si l'animal a été éduqué et dressé
d'après les principes que nous avons développ-
pés. Comment obtient-on, des chevaux *dressés en
liberté,* une soumission si parfaite à la voix et
aux moindres signes, sinon parce que certains

mots et certains signes ont laissé, par la simili-
tude des mouvements ou des actes qu'ils pro-
voquent, une trace profonde dans le souvenir
de l'animal, et qu'ils ont dû une partie de leur
signification à des caresses ou récompenses,
d'autres fois à des corrections ? Bref, l'animal
appelé « savant » connaît à fond la valeur d'un
petit nombre de mots et en accepte toutes les
conséquences. Dans nos prescriptions, nous ne
prétendons pas à un si riche vocabulaire, mais
à celui vraiment indispensable à l'homme de
cheval. Le mot « oh ! la ! » par exemple, doit
pouvoir suspendre le mouvement, s'il est asso-
cié à une opposition de la main, et qu'il soit
prononcé d'un ton bref et impérieux. Il doit
calmer l'ardeur exagérée, s'il est au contraire
articulé dans une intonation plus douce et plus
prolongée. Nous choisirons pour stimuler le
mouvement et finir la course, les mots anglais
« go-on », qui ne tarderont pas à se faire comprendre si, pendant le dressage, ils sont suivis
d'un coup immédiat de la cravache, dont ils deviennent à ce point le précurseur habituel, que
l'animal y devienne attentif et, pour éviter la
correction, se précipite dans tout son train. Pour
que ces accents de la voix atteignent et conservent leur virtualité, ai-je besoin de le dire, il
faut n'y avoir recours que dans les moments op-
portuns et n'en pas amoindrir l'effet par l'abus.

Les Russes ont aussi leur vocabulaire calmant et excitant, dont il nous a été permis de constater la puissance, et l'on peut affirmer que tous les peuples qui ont la passion du cheval, ont trouvé un langage hippique dont ils ont reconnu l'indispensable nécessité. La plupart de nos drivers français ignorent la puissance et l'effet de la voix employée sobrement et à-propos, et nous ne croyons pas avoir abusé de notre droit d'écrivain didactique, en revenant à plusieurs reprises sur ce sujet.

Si, du reste, le dressage a été compris dans sa véritable signification, si le jeune animal a été assoupli par une éducation à la main, de pied ferme et à la longe, il demeurera soumis aux oppositions d'une main habile et maîtresse d'elle-même; il donnera assurément dans la main, il révélera par une impulsion constante et une contraction ou rigidité d'encolure inséparables de la vitesse, une impulsion souvent difficile à régler, mais cependant on sentira qu'on peut toujours la dominer, dans un moment donné. C'est aussi dans ce but que nous avons prescrit ces élévations d'encolure et l'emploi de cet enrênement américain qui conserve à l'animal une position grandie du devant et réserve au driver toute sa puissance pour maîtriser l'excédant d'énergie et régulariser la marche.

Nous allons parler des exercices dans le train

et de l'accélération croissante de la vitesse, et nous n'aurons plus désormais à nous préoccuper ni de l'éducation, ni de la préparation hygiénique. Tant pis pour ceux qui, précipitant leur besogne, ou se laissant égarer par de trompeuses apparences, se contentent de l'à-peu-près et fondent exclusivement leur espoir sur l'origine, le sang et des qualités précoces.

La bonne semence versée dans un bon champ et bien cultivée donne une riche moisson. Mais le mauvais grain sans culture dans un sol riche, ne produit qu'une médiocre récolte pleine de déceptions et de découragements. Plus le jeune animal en training se recommande par ses ancêtres et par ses qualités propres, plus il doit être préparé avec soin, avec méthode, avec cette sage progression qui affirme le présent et garantit l'avenir. J'aimerais mieux des débuts médiocres, un succès douteux, que des lauriers acquis ou plutôt escomptés aux dépens de l'avenir. Le trotteur doit se faire pressentir et non s'affirmer à 3 ans. Il doit conserver la plus belle partie de ses moyens à l'état latent, et l'entraîneur qui le hâte dans son développement, ne comprend pas les intérêts du maître et lui rendra, après la saison, un produit étiolé, difficile à remettre de ses premières épreuves et qu'on sera étonné de voir, l'année suivante, inférieur à lui-même.

Une éducation négligée, incomplète, a aussi
ses conséquences fatales à l'âge où le poulain
devient cheval et où son caractère s'accentue
avec toutes ses imperfections ; la tâche de l'entraîneur et celle du driver devient chaque jour
plus difficile ; les plus belles courses sont com-
promises et les moyens, en admettant qu'ils
atteignent l'accroissement désirable, tournent
au détriment de l'animal d'élite qui avait fait
concevoir de si grandes espérances.

Nous allons parler maintenant des poids dont
les Américains se servent aujourd'hui avec tant
de succès pour développer la vitesse et donner
à la marche de l'animal plus de régularité.
Nous reproduirons ici un article qui a paru
dans la *France chevaline*, hors de sa véritable
place, mais pour fournir, en temps opportun, à nos lecteurs des renseignements utiles
sur une question qui n'est pas généralement
connue. Nous devons nous hâter de dire qu'en
dehors d'une appréciation générale et, en principe, de l'application très-rationnelle des poids
(weights), il reste à l'expérimentation une étude
pratique à faire et sur laquelle il est impossible
de fournir des renseignements précis. L'entraîneur intelligent doit observer attentivement la
marche et la nature des mouvements de son
cheval, en l'examinant de profil et de face, et
alors avec des tâtonnements et une prudente

gradation, il n'est pas douteux qu'il n'atteigne le désideratum.

La troisième période que nous abordons maintenant et qui doit amener un résultat décisif, sera la conséquence, sauf les fautes commises par l'entraîneur, et dont nous parlerons tout à l'heure, du bon dressage et de la préparation qui ont fait l'objet de notre travail, en tenant compte cependant de l'origine, du tempérament et des moyens naturels du sujet. Nous avons dit, et chaque éleveur et homme de cheval le savent par expérience, il y a des chevaux tardifs dans le développement et la révélation de leurs moyens ; ce ne sont pas toujours cependant les moins bons, et certains d'entre eux, qu'on n'a pas su attendre, et qu'on a perdus pour avoir exigé trop tôt, seraient devenus des animaux de premier ordre. C'est donc au propriétaire et à l'entraîneur, d'accord ensemble, à prendre des mesures conservatrices, au cours de la 3e période des exercices sévères.

La distribution et la progression du travail réclament un don d'observation tout spécial chez l'entraîneur, qui doit redouter l'enthousiasme pour les succès précoces et ne pas se livrer au découragement en présence d'une apparente infériorité.

Il faut ajouter, pour la défense de certains entraîneurs, qu'ils ne peuvent pas toujours agir

conformément à leurs jugements et à leurs plus
saines inspirations. Ils sont obligés, quand
même, à accepter la lutte, et le propriétaire
pourrait attribuer leur prudence à une flagrante
incapacité. L'entraîneur doit s'affirmer, sous
peine de perdre sa clientèle et de compromettre
une réputation péniblement acquise. De là résultent ces fréquents insuccès, ces chevaux demi
usés et tarés avant même d'avoir subi leurs
épreuves, et revenant chez l'éleveur découragé,
dans un tel état qu'ils réclament un an de repos
et de soins pour être présentés au consommateur ou au marchand, comme de médiocres
chevaux de service.

Qu'on nous pardonne cette digression, qui
n'a pour but que de faire ressortir les fautes
journellement commises et qu'on peut attribuer,
pour une large part, à l'éleveur ou aux exigences
inconsidérées des propriétaires. Lorsque ces
derniers possèdent des poulains d'un ordre supérieur, ils devraient, au lieu de presser leur
training, recommander sans cesse le ménage-
ment, l'attente dans le travail, en vue de faire
avant tout le bon cheval. Malheureusement, on
veut jouir vite, rentrer promptement dans ses
débours. C'est ainsi qu'on escompte l'avenir et
fauche en herbe une moisson qui s'annonçait
brillante et rémunératrice.

Si nous croyons équitable de ne pas laisser

aux entraîneurs toute la responsabilité des fautes commises, nous ne pouvons nous empêcher de constater, d'autre part, qu'ils se montrent trop souvent au-dessous de leur difficile mission, et qu'ils pêchent fréquemment par précipitation, manque de discernement et de progression dans le travail qu'ils imposent à leurs jeunes chevaux.

Il faut, avant de procéder aux exercices dans le train, tenir compte du sang, de l'origine, de la condition et du tempérament de l'animal. Il faut se préoccuper, au moins autant, de l'état où sont les membres, de la force et de la conservation des articulations et, après cet examen scrupuleux, se tracer un programme où il reste une marge aux modifications, qu'une observation journalière peut apporter aux résolutions les plus sagement prises.

Arrivé à la 3e période, le jeune cheval doit marcher dans le train, et après quelques exercices préparatoires au pas, y être mis franchement et pendant quelques centaines de mètres pendant lesquels, sans être poussé au delà de ses moyens, le jeune trotteur donne une allure franche, décidée et soutenue. Cet exercice ne devra jamais être prolongé jusqu'à l'épuisement, mais suspendu lorsqu'on trouve encore de l'énergie et le désir de continuer la marche. Une promenade au pas succédera toujours à l'exercice au trot de course, et ce pas devra, quoique régulier et non précipité, permettre une détente et une décontraction absolues. Pendant cette promenade, il faudra marquer quelques arrêts complets, où l'animal demeure aussi immobile que possible, sans se traverser ni chercher à se dérober aux aides. Les arrêts fréquents confirment la soumission et préparent d'ailleurs, pour les jours de lutte, des départs sûrs et faciles.

Lorsqu'on demande l'exercice dans le train, il faut l'exiger immédiatement en quittant le pas, pour habituer le poulain à se mettre sur ses jambes aussitôt que le signal du départ est donné.

Il est même indispensable d'exercer le jeune animal à partir de pied ferme au trot, et pour atteindre ce but, on le place à côté d'un cheval fait et calme avec lequel il devra partir énergiquement sur une indication donnée, mais après être demeuré en place pendant quelques instants. L'entraîneur doit rester alors près de son cheval, le flatter, le calmer et lui faire accepter l'attente, en lui donnant un morceau de sucre ou une carotte.

On ne peut se figurer combien ces précautions évitent plus tard d'ennuis et de difficultés sur l'hippodrome.

Nous avons dit que le trotteur devait sur—

prendre son jockey ou son driver. Or, cette révélation subite d'un accroissement de moyens
ne se produira que si l'animal n'est jamais forcé
dans son train jusqu'à la fatigue, ou même à
un ralentissement forcé.

Chaque jour, la durée de l'exercice dans le
train pourra s'accroître, et ces exercices alter-
nés avec le pas se renouvelleront proportionnel-
lement à la force et à l'impulsion naturelle
qu'on reconnaîtra dans le jeune sujet.

Pendant les huit premiers jours, les exercices
au trot de course ne devront guère dépasser
500 m., mais pourront se renouveler deux ou
trois fois. Si le jeune cheval a fait preuve d'énergie et qu'il ait commencé à se livrer, ce n'est
pas une raison pour presser le travail sans dis-
continuer ; il faut, au contraire, lui donner un
jour de répit, pendant lequel il sera matin et
soir promené au pas. Autant que possible, et
c'est la température qui en décidera, les exercices auront lieu le matin de bonne heure, et
les promenades au pas seront réservées pour
l'après-midi.

Une fois la semaine, il sera bon de donner
un repos presque absolu, c'est-à-dire qu'on se
contentera d'une courte promenade le matin.

Dans la seconde semaine de la 3e période,
les exercices au trot de course atteindront un
kilomètre, suivis de repos et de détente com-

plète et pourront être renouvelés deux ou trois fois. L'animal doit alors approcher de la condition ; sa respiration doit être puissante et d'ailleurs son alimentation, graduellement augmentée, doit avoir atteint son maximum.

Peut-être, et pour certains sujets ayant trop d'état et une respiration insuffisante, l'entraîneur croira-t-il nécessaire de recourir à la suée ; mais dans ce cas, il se donnera de garde de la donner dans le train et d'en prolonger par trop la durée. Il sait d'ailleurs toutes les précautions qu'il a à prendre, nous n'avons plus à revenir sur ce sujet (1).

Disons quelques mots du terrain dont il faut faire choix pour les derniers exercices de la mise en condition.

La nature de la piste a une si grande influence sur le jeune trotteur, qu'on peut affirmer qu'elle contribue efficacement à l'accroissement des qualités ou qu'elle peut compromettre à tout jamais ses futurs succès. Un sol dur et sans élasticité ébranle les articulations, rend les canons douloureux et ne tarde pas à paralyser le jeu des épaules. Un terrain trop mou, tel qu'un gazon détrempé, fatigue les boulets et les

---

(1) Pour un cheval dont on craint de fatiguer les membres, la suée ne comporte pas un parcours de plus de 1500 mètres, faut deux couvertures et un épais camail.

jarrets, et met un obstacle à la vitesse. Un sol gazonné, mais élastique et bien nivelé, est, à tous égards, ce que nous préférons pour les débuts ; mais lorsqu'il s'agit de donner au train toute sa rapidité et son vibrant, un track dont le sol, cependant résistant, est adouci par une couche de sable, amortissant un peu les réactions sans les émousser complétement, est incontestablement préférable. Le gazon, par les grandes chaleurs d'été, a encore un inconvénient, il est glissant ; et même très-dur, si le sol n'en est pas composé d'une terre légère et un peu sableuse.

Une fois en passant, et le jour de la course, un cheval peut supporter un sol, même trop résistant, pour peu qu'il soit uni ; mais pour des exercices et une préparation, mieux vaut encore un sol gazonné ou un terrain sableux un peu lourd, qu'une piste dure.

Un entraîneur qui veut se faire une réputation, doit donc, avant tout, s'établir dans un milieu où la nature du sol, en général, soit favorable aux exercices des jeunes chevaux, et où il puisse trouver une piste convenable, assez rapprochée de son établissement. Cette piste devra-t-elle être complétement plane ? Tel n'est pas notre avis. Il faut que le jeune cheval soit exercé à soutenir de temps à autre son allure, en montant et en descendant, et un terrain lé-

gèrement accidenté ne peut que fortifier ses
articulations et ses reins.

Une telle piste, dont on disposerait une fois
ou deux par semaine, offrirait de sérieux avantages, bien que toutefois nous préférions pour
les exercices de vitesse une piste parfaitement
unie et sans le moindre accident de terrain.

Les tracks américains sont l'objet d'une surveillance et de soins extrêmes, car de leur entretien peut dépendre le succès ou l'échec des
plus grands chevaux, dont le temps est, comme
on le sait, scrupuleusement observé, et sur lesquels on joue des sommes énormes. Nous n'ar-
riverons du reste à prendre un goût sérieux à
nos trotteurs, que lorsque nous aurons des pistes
faites *ad hoc*, et où il soit possible d'apprécier la
vitesse absolue.

ESSAIS

ESSAIS AVANT LA COURSE.

Avant d'arriver à la complète préparation et, par conséquent, à l'époque des premières courses, il est bon d'essayer le jeune cheval pour se rendre compte de sa vitesse acquise, de sa résistance dans le travail et de ses dispositions dans la lutte.

Certains praticiens ont la déplorable habitude de faire leur essai de toute la longueur de la course ou de l'épreuve où le poulain est engagé. Cet essai est inutile et peut être dangereux. Inutile, car d'après la manière dont l'animal a parcouru 1,500 ou 2,000 mètres, au plus, on peut juger ce qu'il fera pour 4,000 mètres. Ne voit-on pas au chronomètre, si l'on ne possède pas soi-même un sentiment développé de la nature du mouvement, les modifications de la vitesse pendant l'essai? Pour peu qu'on ait divisé la piste en trois ou quatre parties, au moyen de poteaux indicateurs, on peut comparer le temps de ces divers fragments de l'épreuve et dans l'hypothèse où le dernier se sera exécuté plus rapidement que les autres, ne sera-t-on pas autorisé à en conclure que l'animal a du fonds et

6.

des qualités croissantes? Que si le contraire se produit, c'est que sa préparation est incomplète, et qu'il n'est point encore dans les conditions voulues pour prendre part à une lutte de 4,000 mètres. Les essais sans division de parcours et sans comparaison de vitesse entre ces mêmes divisions, sont absurdes, parce qu'ils ne renseignent pas l'entraîneur et ne donnent qu'un résultat total, qui ne démontre point la vraie condition et les qualités réelles du sujet.

Pour les essais, comme pour toutes les courses où l'on veut se rendre un compte exact de la vitesse, le départ doit être « flying ». Le cheval doit être mis dans le train avant le poteau de départ.

Il sera bon, pour un essai sérieux, de faire galoper un cheval près du trotteur, avec instruction au jockey de ne pas prendre le devant, mais d'exciter seulement le trotteur à livrer tous ses moyens et à lutter, sans cependant le forcer à s'enlever. Un essai ainsi compris est à la fois une leçon profitable au jeune cheval et la seule démonstration possible de ses qualités ou de ses faiblesses.

Le cheval qui doit subir un essai sera l'objet des mêmes précautions que celui qui doit courir ; on ne lui donnera qu'une faible ration d'eau avant son avoine, et aussitôt qu'il aura mangé, on lui mettra la muselière. Après l'épreuve, qui

nécessitera un grattage immédiat, on lui mettra ses couvertures et on le ramènera au pas à
son écurie, où il recevra un pansage à fond,
comme il a été indiqué après les suées ; on le
laissera pendant le reste du jour dans un repos
absolu.

Nous avons prescrit cet essai vers la 3e période, afin que dans les derniers quinze jours
qui précèdent la course, on puisse modifier les
exercices et diriger le travail dans le sens le
plus favorable et le mieux approprié à la condition.

L'entraîneur qui aura fait usage des poids,
aura pu s'assurer de leur degré d'efficacité, car
il aura remarqué si les mouvements ont toute
l'extension et la régularité désirables, et enfin,
il se sera assuré si la ferrure et si les bottines
préservatrices sont disposées de manière à
mettre l'animal dans les conditions de lutte les
plus avantageuses.

Un second essai, quelques jours avant la
course, ne sera pas sans utilité et démontrera
si les exercices ont été profitables et si la condition générale s'est améliorée. Une épreuve de
1 mille (1,600 mètres) renseignera complète-
ment l'homme expérimenté et dont l'attention a
été éveillée par un premier essai.

Les départs de pied ferme ou « du pas dans
le train, » devront être fréquemment renouvelés

dans les derniers temps de la préparation. Du soin, de la patience et une extrême douceur, triomphent assurément de la précipitation fougueuse des jeunes chevaux qui, généralement mal dressés ou à peine débourrés, se servent de leur force acquise pour se livrer, au départ, à des désordres qui compromettent le plus souvent le succès de leur course. Les faux départs épuisent et surexcitent le jeune cheval, au point de lui enlever une partie de ses moyens, et produisent, par contre-coup, une telle irritation chez le jockey ou le driver, que ces derniers perdent le calme et la possession d'eux-mêmes, dans la conduite ultérieure de leur course.

En résumé, qu'on nous pardonne cette redite, le jeune cheval qui, dès le début de son éducation, a été soumis aux aides, convenablement assoupli, rendu attentif et docile à la voix son cavalier et plus tard de son driver, ne présentera aucune des difficultés sérieuses que nous ne signalons ici avec tant d'insistance, que pour donner plus d'importance à nos prescriptions et à la marche méthodique que nous nous sommes efforcé d'introduire dans cet opuscule.

POIDS

DE L'EMPLOI DES POIDS.

Une amélioration dont les Américains s'honorent à juste titre, c'est la nouvelle application des poids ou weights adaptés aux pieds des trotteurs; nous ne saurions négliger d'en entretenir nos lecteurs et de leur dire notre pensée sur ce moyen fort rationnel de régulariser l'allure et d'en accélérer la vitesse (1).

Les Américains, dont la génialité et la tendance hippique se sont portées avec passion vers la production et la préparation du trotteur, ont fait une étude spécialement gymnastique du développement des aptitudes natives de leurs chevaux de prédilection et après s'être rendu un compte précis des particularités et des inconvénients de l'allure qu'ils développent au plus haut degré, ils ont conçu l'idée de remédier artificiellement aux défectuosités naturelles ou tout au moins de les combattre et de les amoindrir autant au point de vue de la conservation de l'animal, qu'à celui de l'accroissement de sa

(1) Nous disons « amélioration », car l'invention n'est point nouvelle, mais son application n'était point soumise à une démonstration ni à une théorie suffisamment raisonnées.

vitesse. Certains chevaux pliant trop les genoux perdaient un temps précieux en ne projetant pas assez vite le membre en avant; d'autres élevaient un membre plus haut que l'autre et devenaient décousus dans leurs allures; d'autres, par suite d'une direction mauvaise de leurs aplombs antérieurs, se touchaient dans leurs allures rapides, et d'autres, enfin, ne dirigeant pas leurs membres postérieurs assez en dehors, atteignaient et blessaient assez grièvement les membres antérieurs pour compromettre le succès d'une course et forcer la suspension du travail. Les Américains ont conçu et réalisé l'idée du redressement des aplombs et de la régularisation de l'allure au moyen de poids fixés au sabot et placés, de côté ou en avant selon que l'observation et l'expérimentation en prescrivaient l'application. Les résultats obtenus par les entraîneurs les plus distingués ne tardèrent pas à généraliser un système qui théoriquement et pratiquement demeurait indiscutable. Les journaux sportifs, entre autres le *Spirit of the Times*, nous entretinrent de cette utile innovation qui, comme bien d'autres venant de loin, ne fit pas un chemin rapide chez nous. Aux courses de Maisons-Laffitte on en remarqua les effets avantageux; quelques amateurs l'expérimentèrent, et aujourd'hui l'attention est éveillée.

Les poids ont été diversement fixés aux pieds
des chevaux : par des crampons d'abord, puis
aujourd'hui par des bottines très-ingénieuse-
ment construites et fixées au sabot au moyen
d'une légère entaille ménagée dans la corne sur
le côté du sabot ou en pince, avant de poser le
fer, entaille qui permet d'y faire passer une
courroie ou une petite lame de fer. La bottine
est pourvue d'une petite poche où se place le
poids, et elle-même pèse quelques onces, et peut
être chargée de 4 à 8 onces de plomb. Il existe
deux sortes de bottines à poids : une pour le
travail journalier aux allures moyennes et ayant
pour but de régulariser le mouvement ; une
autre, combinée pour protéger les talons des
atteintes et tout à la fois pour charger la partie
antérieure du sabot et entraîner l'extension rapide du membre en avant, par conséquent, pour
favoriser la vitesse. Cette bottine, dont on se
sert dans les courses ou épreuves, outre son
poids, peut en porter un de 4 onces et au-dessus, selon la force de l'animal et la nature du
mouvement qui en nécessite l'emploi ; elle est
fixée assez solidement pour ne jamais être dépla-
cée ou ébranlée dans le mouvement et prend
tellement la forme des talons, qu'elle les protége d'une manière absolue contre toute atteinte.

Il va sans dire que la quantité de poids à
ajouter est déterminée par l'observation et les

7

intelligents tâtonnements de l'entraîneur. Généralement, au commencement, le poids de la
bottine seule, pesant plusieurs onces, suffit pour
exercer une influence déjà sensible sur la nature de la marche.

Vient ensuite le « side weight », ou bottine
pour poids de côté, qui est placée sur la partie
externe du sabot postérieur. On l'emploie dans
le but de remédier au défaut du cheval dont les
membres sont trop rapprochés ; elle tend à
l'empêcher de se toucher et lui donne une marche plus élargie. Chacun sait qu'un trotteur
devrait jeter ses membres postérieurs en dehors
de la ligne des membres antérieurs, en sorte
que sa foulée se fît sur le côté de celle de
l'avant-main. Cette bottine, par son poids variable de 3 à 7 onces, entraîne le membre graduellement, mais forcément dans la ligne qu'il
doit parcourir pour éviter les atteintes et, tout
en même temps, favoriser la projection énergique de la masse en avant. Le mode d'attache
de cette bottine est le même que pour les autres.
Il existe encore plusieurs sortes de bottines
protectrices des membres, et qui ont atteint en
Amérique un degré de perfection que les
hommes de cheval n'apprécient réellement que
dans la pratique. L'inventeur de ces utiles engins, Français d'origine, est venu se fixer à
Paris et a quitté l'Amérique après y avoir étudié

sur les tracks les célébrités du trotting et avoir
doté le pays des trotteurs du fruit de ses re-
cherches. Les amateurs de notre sport pourront
s'adresser directement à cet inventeur, M. Mayer,
Jacques, rue Montorgueil, 32.

Les Américains ont compris et ont trouvé,
d'une part, la démonstration pratique de ce fait,
qu'évidemment un « puller », cheval qui tire démesurément à la main, perdait en régularité et en
vitesse, par l'excès d'une force musculaire enle-
vée à la force générale créatrice du mouvement,
puis de l'autre, ils ont constaté que la conduite
de l'animal, en tant que soumission et conservation harmonieuse de l'allure, devenait la plupart du temps impossible. Ils ont enfin reconnu
qu'un trotteur, qui abaissait démesurément
son encolure, ne pouvait avoir de légéreté, que
son avant-main devenait lourde et que ses mouvements perdaient de leur élévation et de leur
extension. L'arrière-main, dégagée et cessant
d'être sous la domination de la main, contrac-
tait des habitudes désordonnées et effectuait des
sauts à peu près semblables à ceux du cheval au
galop. Bref, l'allure n'avait plus son caractère
propre, ses deux foulées régulières qui résultent d'une concordance parfaite entre l'avant et
l'arrière-main. Ils ont cherché et trouvé le re-
méde à de si fâcheux inconvénients dans l'emploi d'un enrênement releveur (overdraw) qui a

pour but de maintenir, sans les gêner, la tête et
l'encolure à un degré d'élévation où l'action de la
main du driver puisse avoir toute sa puissance
et son efficacité, tant pour imprimer la direction latérale, que pour dominer l'arrière-main,
en régler le développement et établir une constante harmonie dans l'allure. Ce releveur est
fixé à un filet spécial dans la bouche du cheval,
ses deux rênes se contournent pour se réunir
sur le front de l'animal, passent entre les deux
oreilles et se réunissent enfin en une seule
courroie qui, après avoir été convenablement
ajustée, se fixe sur le crochet de mantelet.
L'emploi d'un tel enrênement, qu'on fait précé-
der de flexions d'élévation de pied ferme, dont
nous avons parlé dans notre chapitre sur le dressage, peut être du plus heureux effet à tous les
points de vue, et nous le recommandons à tous
les amateurs de « trotting ». Ce releveur, à
notre avis, ne peut être bouclé sur les anneaux
du bridon où sont fixées les guides, mais il
doit avoir, je le répète, son petit filet propre,
assez mince et même, dans certains cas, à em-
bouchure à deux brisures et tordu. Nous appellerons ensuite l'attention des amateurs sur les
guides à poignée, qui, pour les chevaux qui
sans être « pullers », ont de l'action et cher-
chent l'appui, ont l'avantage de fournir une
prise solide et résistante à la main du « driver »,

qui n'a pas besoin de contracter ses poignets et conserve, dans la conduite de son cheval, plus de fixité et de justesse dans ses opposi- tions isolées ou simultanées. Ces guides, aussi solides que simples dans leur disposition, sont pourvues à leur point d'attache avec le mors, non de boucles ordinaires dont les ardillons peuvent se rompre, mais de crochets revêtus de cuir et qui ne peuvent, dans aucun cas, se dé- tacher ni se briser dans un effort violent.

S'adresser encore pour ces deux importantes, parties du harnais, à M. Mayer.

Les chevaux montés, s'ils ont été préparés avec soin, relevés méthodiquement de pied ferme, dans le travail à la main, pourront gé- néralement être maintenus, pendant la course, dans une position élevée et dans un degré de légèreté relative; cependant, dans bien des cas, il sera bon de faire usage de (l'overdraw) enrê- nement releveur, bouclé au pommeau de la selle. Dans ce cas, le cavalier n'a plus à se préoccuper du soutien de l'encolure et n'a alors d'autre soin que de régler le mouvement, d'en- tretenir un juste et constant appui et de préve- nir, par des oppositions opportunes, les désor- dres dus à l'excitation de la lutte.

Si tous les chevaux étaient longtemps montés et mis d'aplomb par de bons jockeys, avant d'être attelés, comme le démontre si doctement le célèbre entraîneur Woodruff, les drivers auraient moins de préoccupations et moins de peine dans la préparation de leurs trotteurs au sulky; ils n'auraient pas besoin de recourir à ce que nous appelons des *ficelles*; mais combien y a-t-il d'entraîneurs qui sachent en quoi consiste un dressage préparatoire sous la selle et auxquels, s'ils en étaient capables, on donne d'ailleurs le temps nécessaire pour éduquer convenablement un jeune cheval avant de procéder aux exercices du futur trotteur?

Nous croyons devoir éviter, dans cet opuscule, de créer et même de faire ressortir des difficultés décourageantes. Nous préférons chercher à simplifier l'art, à le mettre à la portée de tous. Aussi, sur certains points, ne donnons-nous que des aperçus et nous bornons-nous à ouvrir une voie, laissant à chaque lecteur le soin de voir plus ou moins loin et de nous suivre avec plus ou moins de confiance et de scrupule.

Histoire des poids appliqués aux pieds des chevaux pour régulariser leurs allures, par S.-T. Bane.

(Extrait du *Spirit of the Times.*)

Cher *Spirit*, l'emploi des poids aux pieds et aux jambes des chevaux ayant été l'objet d'une étude particulière et d'une application spéciale aux chevaux trotteurs américains, bien des sportsmen se sont imaginé que c'était une découverte de récente origine. Sous ce rapport, ils se sont complétement trompés.

J'ai sous les yeux un exemplaire de l'Histoire et Art de l'Equitation, par Richard Beringer, publiée à Londres en 1771. Cet écrivain, en parlant des anciens cavaliers romains, dit:

« Lorsqu'ils manégeaient leurs chevaux, si la nature ne les avait pas doués d'une action noble et élevée, ils leur attachaient aux paturons des rouleaux en bois ou des poids, pour les forcer à lever leurs pieds, et pour les amener ainsi à marcher d'une manière gracieuse, sûre et tout à la fois agréable pour le cavalier. »

Beringer, dans ses instructions pour travailler les chevaux à la main et les perfectionner dans leurs allures, fait revivre et approuve un système qui avait été publié en 1624. L'auteur de cette méthode, un vieil écrivain anglais, qui

s'appelait Browne, en parlant de la manière de
former les allures d'un poulain et après avoir
dit comment on doit le brider, lui mettre une
martingale, un surfaix et de longues guides au
moyen desquelles le poulain est conduit autour
d'une carrière entourée de murs ou de planches,
dit :

« Vous devez voir d'abord, dès ses premiers
pas, s'il a un trot élevé ou bas, et s'il commence
avec un trot élevé, comme cela se produira s'il
est un animal plein de cœur et de qualités, alors
vous n'aurez besoin d'user avec lui que de vos
rênes et de votre chambrière ; mais s'il n'a que
des moyens médiocres et qu'il lève ses jambes
lourdement et en même temps près de terre,
vous devez vous servir des « helps » rouleaux,
en en proportionnant l'emploi. »

Il donne des indications sur leur application
et leur but et termine en disant :

« Nous pouvons arriver par l'usage des poids
à faire lever les jambes aussi haut que nous le
voulons. »

Beringer dans son livre donne le dessin d'un
cheval en mouvement avec les helps, c'est-à-
dire les rouleaux dont parle Browne, et indique
la manière d'en faire usage.

Il ne dit pas de quoi sont faits ces rouleaux ;
mais à en juger par le développement des boules,
ils doivent avoir été en bois ou toute autre sub-

stance légère; car la gravure représente ces
boules comme ayant eu deux pouces de diamètre. On ne se sert que d'une balle ou boule
pour chaque jambe et elle semble arrêtée sur
la courroie par laquelle elle est fixée à la
jambe.

L'écrivain précise qu'il faut l'attacher au-
dessous du fanon de manière à ce qu'elle reste
sur le talon. Beringer, dans plusieurs endroits
de son livre, fait mention de rouleaux, chaînes
ou poids, qu'on applique aux pieds du cheval
afin de les lui faire lever du sol, et dit que c'est
ainsi qu'il acquiert de hautes actions. Or,
puisque nous apprenons par cet auteur que
l'emploi de ces divers engins remonte à plusieurs siècles, nous sommes autorisés à dire
qu'ils ne sont point une invention américaine.

Il résulterait de l'histoire de notre écuyer,
que les anciens destinaient leurs chevaux particulièrement à la selle, et que, dans ce but, il
était désirable qu'ils eussent de bons genoux et
du tride dans les jarrets, afin de travailler gra-
cieusement et sûrement sur des terrains inégaux,
et que, bien qu'ils n'entraînassent pas ces chevaux pour une allure rapide au trot, ils recon-
naissaient évidemment que les poids fixés à leurs
jambes les forçaient à mieux stepper et à marcher plus haut. Tous les arts dont l'homme fait
l'objet de son étude, se perfectionnent avec le

temps, par ses soins et selon sa génialité et les circonstances diverses qui s'offrent forcément à son expérimentation ; aussi, quand nous lisons l'histoire, sommes-nous forcés de reconnaître que les modernes hommes de cheval n'ont pas tant à s'enorgueillir de leur habileté dans le maniement du cheval que bien des gens pourraient le supposer. Les renseignements qui nous sont parvenus de l'art de l'équitation, pratiquée dans tous les pays et à tous les âges, dont nous avons connaissance, démontrent que tous les peuples appréciaient la valeur du cheval et savaient utiliser sa puissance et l'approprier habilement aux usages auxquels il était particulièrement destiné.

Les poids aux jambes des chevaux ont été indistinctement et confusément appliqués dans ce pays, il y a déjà bien des années. Avant trente ou quarante ans, quand les chevaux qui pouvaient marcher le traquenard étaient très-prisés pour la selle, on se servait des poids adaptés à l'arrière-main pour obtenir cette allure. Les poids destinés à ce dressage n'étaient autres que des sacs de cuir remplis de plomb de chasse.

J'ai vu employer cette sorte de poids avec un trotteur qui avait contracté l'habitude de sautiller en marchant, il y avait quelque vingt ans. L'entraîneur qui se servait de ces poches sem-

blait ignorer, à la manière dont il les appliquait,
le parti qu'on en pouvait tirer; car, après les
avoir passées d'une jambe à l'autre, il avait rendu
toutes les jambes si malades qu'il dut aban-
donner son traitement.

Le bois et la corne ont été utilisés pour ces
poids dans ce pays, il y a bien des années, sans
doute, mais l'idée nous venait d'Angleterre.
Toutefois, il est évident que l'emploi judicieux
de ces divers engins n'a été connu que récem-
ment. On s'en est servi précédemment comme
d'une panacée, et les indications données sur
leur application étaient à peu près rédigées de
la manière suivante : « Appliquez à une extrémité, et s'il n'y a pas de mieux après la première
application, appliquez à l'autre extrémité, et
s'il n'y a pas encore de mieux continuez l'application jusqu'à guérison. »

Hiram Woodruff, dans son livre sur le trotteur en Amérique, dans lequel il indique comment on doit entraîner un cheval et le conduire,
en parlant d'un poulain qui a une allure irrégulière, dit:

« Mettez-lui les rouleaux et travaillez-le tran-
quillement en appliquant l'appareil tantôt à une
jambe tantôt à l'autre selon que le besoin s'en
fait sentir. Le poulain éprouve une sensation
nouvelle à sa jambe, en plus de ses bottines, et
alors il change sa manière de marcher. »

Ailleurs, en parlant de la manière de faire d'un ambleur un trotteur, il commence par nous dire qu'on peut atteindre ce résultat en mettant des barres par terre et en faisant passer le cheval dessus, et il ajoute :

« Cette méthode est quelquefois adoptée, mais il vaut bien mieux que le cheval prenne le trot de lui-même sans ces impédiments, c'est ce qu'il fera volontiers après avoir fait une longue course et qu'il sera fatigué.

« Le meilleur moyen de procéder avec un *pacer* qui a marqué le trot par ce dernier moyen, est de lui mettre les rollers à sa prochaine sortie ; l'effet produit est alors le même sur lui que pour le jeune trotteur dont l'allure est irrégulière. Ces rollers doivent être changés d'une jambe à l'autre, selon qu'on le reconnaît nécessaire. »

Woodruff ne fait nullement mention de l'influence du poids dans l'éducation du trotteur ni de la forme de ces poids appliqués aux fers, aux talons ou au côté du sabot, et ne dit même rien de la manière dont il recommande l'usage des rollers ; il paraît ressortir de là qu'il ne les employait pas en vue de la pesanteur, ni pour exercer une action sur le mouvement. Lorsque le cheval est forcé de se mouvoir avec ses rollers, la sensation inaccoutumée produite par eux, jointe à la gêne qu'il en éprouve, doit nécessairement éveiller l'attention de l'animal, et

bien des entraîneurs s'en sont servis purement
avec l'intention d'attirer l'attention du cheval et
de lui faire perdre ainsi l'habitude de sautiller
et de marcher dans une allure irrégulière. Or,
d'après ce que dit Woodruff, il ne doit pas s'être
proposé un autre résultat de cet appareil.

Quand Hiram Woodruff a donné ses idées, en
1867, sur la manière d'entraîner un trotteur, il
avait été pendant quarante ans sur les hippodromes de trotteurs ; il était l'homme le plus
accompli et le plus heureux sur le turf que
l'Amérique eût jamais possédé, et il ne connais-
sait rien du poids appliqué sous différentes
formes et à différentes places, pour régulariser
l'action du trotteur ; il est donc évident qu'il n'y
avait rien de connu ou bien peu de chose à cette
époque sur l'emploi méthodique du poids
appliqué à l'éducation du trotteur.

PENDANT LA COURSE

PENDANT LA COURSE.

Les qualités qui distinguent un bon jockey de courses au trot sont à peu près les mêmes que celles qu'on recherche dans celui de courses plates : du sang-froid, de l'à-propos, et une connaissance parfaite des moyens de son cheval. Le bon jockey de trotteurs doit être robuste et résistant, car l'allure est souvent fatigante, et le cavalier doit avoir en outre une excellente assiette, une bonne poitrine et de la force musculaire dans les jambes. Il est un point cependant où le savoir-faire des deux cavaliers trouve une application bien différente. Le jockey de courses plates dispose du maximum de l'effort, il doit le répartir prudemment, le ménager à propos, et en conserver toute la puissance pour un moment donné. Le jockey de trotteurs est obligé de contenir la force à une allure intermédiaire artificiellement développée, et il se trouve constamment entre deux écueils : celui de ne pas avoir toute la vitesse possible, et celui de la rechercher au point de provoquer le galop. Cette constante préoccupation, jointe aux difficultés qui résultent du caractère et de la nature même des moyens du sujet, sont propres à surexciter et à éprouver moralement et physiquement le jockey, dont le succès nous intéresse ici plus spécialement. Nous sommes, par le fait, disposé à apprécier son mérite et à excuser ses fautes. Cependant, il est bon de le mettre sur ses gardes contre certains entraînements auxquels il cède trop souvent, et qui compromettent ses succès.

Les courses au galop sont aujourd'hui si bien réglementées, les entraîneurs instruisent si parfaitement leurs jockeys, que lorsque des irrégularités se produisent, sévèrement réprimées d'ailleurs, elles sont la conséquence des ordres donnés. On reconnaîtra, du reste, qu'à de rares exceptions près, les courses plates sont conduites avec une extrême sagesse et une grande dignité. L'éducation du turf français est absolument faite. En est-il de même sur nos hippodromes de trotteurs ? Assurément non ! Nous n'en sommes encore qu'aux tâtonnements. Les bons jockeys nous font défaut ou sont en bien petit nombre. Les entraîneurs spéciaux et expérimentés sont clair-semés. Cependant, ces courses utiles se généralisant et, prenant un notable développement, il doit se produire une amélioration dans leur réglementation.

Les jockeys, devenus chaque jour plus habiles, en raison même de la sévérité de leurs juges et de leurs entraîneurs, contribueront

puissamment à donner aux courses le caractère
sérieux et tout à la fois attractif qu'elles com-
portent.

Les *enlevés* au galop sont, dans une certaine
mesure, un motif d'exclusion en Russie. Nous
sommes trop indulgents en France à cet égard.
Il est évident qu'en général, un cheval qui s'enlève est en désavantage, si surtout le jockey se
hâte de le remettre dans son allure; cependant, par des *enlevés* récidivés et habilement
ménagés, certains chevaux peuvent gagner du
temps, et d'ailleurs gêner considérablement
leurs adversaires. Dans tous les cas, ce désordre
ne devrait pas être permis. Cette tolérance à
l'égard des jockeys ou drivers est essentiellement préjudiciable à l'avenir de la question. On
doit constamment avoir en vue le progrès des
chevaux et des hommes qui les entraînent, et
les conduisent, et qui ont besoin d'être con-
traints et forcés pour s'adonner plus sérieusement à l'éducation et au dressage des trotteurs.
Vous devez, lecteurs qui aimez le trotting, avoir
été scandalisés plus d'une fois en constatant
les allures irrégulières, c'est-à-dire ni trot ni
galop, qui se produisent sur nos hippodromes et dont on accepte, sans discussion, les
inqualifiables résultats. Auriez-vous vu, sans un
égal déplaisir, ces jockeys ayant perdu tout
sentiment de dignité, s'agitant, criant, cher-

chant à exciter au passage et à faire enlever les chevaux de leurs adversaires, et jetant ainsi un incontestable discrédit sur les courses que nous préconisons ?

Toute irrégularité manifeste dans l'allure d'un trotteur devrait provoquer son exclusion. Il ne devrait pas être toléré plus de 4 enlevés par kilomètre, pour chevaux de 3 ans, à condition toutefois de les ramener aussitôt à leur allure. Les cris et les excitations intempestives devraient être absolument proscrits.

C'est, en un mot, en prenant et appliquant des mesures rigoureuses qu'on arrivera, plus vite qu'on ne l'imagine, à tirer des courses au trot tous les résultats qu'on en doit prétendre : « de bons chevaux de service, bien réguliers « dans leurs allures, bien mis et propres « à rendre, après les courses, d'agréables et « brillants services aux consommateurs. »

Nous possédons assurément les éléments, les bases d'une bonne réglementation ; mais il nous reste à pénétrer plus avant dans le cœur de la question et à la considérer, non-seulement au point de vue d'une plus heureuse mise en scène, mais encore à celui du perfectionnement de l'allure qu'on veut encourager.

Le jockey ou le driver qui se présentent sur le track pour y disputer une course, doivent connaître le faible et le fort de leurs chevaux,

et, je dirai plus, s'ils sont observateurs et bien
renseignés, ils sauront la supériorité ou l'infériorité relatives de leurs concurrents.

Un bon jockey, dès le départ, met son cheval
sur ses jambes et ne laisse pas prendre aux adversaires une avance qui l'exciterait et le porte-
rait à s'enlever, lorsqu'il est dans la pléni-
tude de sa force.

Ou le cheval a l'habitude de donner son
maximum d'effort dans la première moitié de sa
course, ou, au contraire, c'est à la seconde
partie qu'il trouve tous ses moyens.

Dans la première hypothèse, ce serait une
faute grave que de gêner le trotteur et de le
contrarier dans son élan, sous prétexte de réserver pour la fin de course ce qu'on ne trou-
verait plus. L'animal retenu intempestivement
s'émousse et s'énerve.

Dans le second cas, celui où la vitesse est
croissante, ce qui est, à tous égards, une preuve
de grandes et sérieuses qualités, il faut se
garder de presser le trotteur dans ses débuts,
ne l'activer qu'à partir de la seconde moitié de
la lutte et réserver toute sa rapidité pour la
ligne droite, après le dernier tournant.

Ainsi que nous l'avons dit et démontré plus
haut, aucun cheval, si bon et si énergique qu'il
soit, ne fait sa course du même train ; il y a accélération et ralentissement. L'influx nerveux

semble se transmettre non d'une manière continue, mais bien intermittente, et renouvelée
comme les jets de la vapeur, et selon que cette
influence mystérieuse est servie par des organes
et une force musculaire puissants et valides, la
vitesse est soutenue, ralentie ou croissante. Il
en résulte que, si brillants que soient le méca-
nisme et les forces musculaires, l'égalité d'action et de mouvements rapides est absolument
impossible. Le jockey expérimenté doit donc
tenir compte de ces conditions physiologiques
et laisser aux expansions de la vitesse ces al-
ternatives et ces détentes de forces inévitables.
En agir autrement serait imprudemment compromettre les moyens les plus réels et les plus
favorables à la lutte.

Le jockey, comme le driver, s'inspirant absolument des facultés connues de leur cheval,
et, d'ailleurs, se conformant aux ordres et instructions donnés par l'entraîneur, doivent
éviter tout emploi de surexcitation intempes-
tive, et ne point se laisser impressionner par
des concurrents qui momentanément semblent
les devancer, mais qui, dans un moment donné,
le moment décisif, leur demeureront probable-
ment inférieurs.

La fixité dans l'assiette et dans la main, l'ab-
sence complète d'impressionnabilité trans-
mettent à l'animal le calme et la sécurité dont il

a besoin pour accomplir une belle performance.
Ce qui ne veut point dire qu'un habile cavalier ou un intelligent cocher ne doivent point
recourir à des effets de main pour rétablir
l'équilibre ou l'harmonie qui se perdent, pour
calmer et prévoir un désordre ou un *enlevé* im-
minents. La préoccupation et l'attention du
jockey seront constantes, et il ne devra, dans
aucun cas, se laisser influencer par des concurrents et des voisins gênants ou usant de mauvais
procédés.

Dans la prévision d'un insuccès ou d'une défaite inévitables, et qui peuvent tenir à des
causes accidentelles, en dehors des prévi-
sions, l'homme de cheval se possède et doit
franchement savoir renoncer à une lutte préjudiciable à l'animal précieux qui pourra, sur un
autre terrain, reprendre les avantages qu'il
aura perdus cette fois. Ne voyons-nous pas
chaque jour des chevaux d'ordre arriver épuisés
et mal placés au poteau, parce qu'on a voulu
quand même figurer dans la lutte.

Or, c'est surtout avec les jeunes chevaux
qu'il faut user de ménagements et ne pas se
laisser aller au découragement en présence
d'une première défaite. Bonne origine et bon
élevage ne trompent jamais, lorsqu'on sait attendre !

Avons-nous besoin de rappeler, en termi-

nant ce chapitre, les soins immédiats qui doivent
entourer le cheval après sa course, les mêmes,
on le sait, que ceux prescrits après les suées et
les essais, et de parler du repos absolu qu'il
faut donner à l'animal pendant un jour ou deux,
après une course qui doit l'avoir plus ou moins
sérieusement éprouvé?

APRÈS LA PREMIÈRE COURSE

APRÈS LA PREMIÈRE COURSE.

Rien n'est plus difficile et n'exige plus de tact que de conserver un cheval en condition dans l'intervalle qui sépare deux courses.

Le cheval peut arriver sur le track dans trois conditions différentes : trop haut, trop bas et juste à point. C'est ce dernier cas qui se présente le moins souvent, la perfection étant ce qu'il y a, en training comme en tout, de plus difficile à atteindre.

Si le cheval est trop haut de condition, et sa course en aura été une démonstration suffisante, il sera évidemment facile d'amener l'état au desideratum, si les membres peuvent, sans danger, supporter le travail. Dans le cas contraire, la mise en condition demeurera un continuel écueil pour le bon entraîneur qui se préoccupe avant tout de la conservation du jeune cheval. Il faudra recourir à un travail modéré sous les couvertures, à quelques suées et même à une médecine, le tout avec des ménagements extrêmes et en faisant choix d'un terrain doux et élastique.

Si l'animal est trop bas de condition, il faudra suspendre le travail sévère, se borner à des exercices au pas et à un trot au-dessous du train. S'il est bon mangeur et doué d'un bon tempérament, il ne tardera pas à reprendre plus de chair et à retrouver un peu plus de force et de résistance. Dans l'hypothèse où le sujet serait difficile à nourrir, nerveux, impressionnable, mais doué de grands moyens, la conduite à suivre est tout indiquée : du repos, de la promenade au pas et une alimentation rafraîchissante. Les mashes chaudes avec addition de graine de lin et un peu de sel de nitre sont prescrites deux ou trois fois par semaine. Avec de tels chevaux qui, dans un moment donné, déploient de grands moyens et une inépuisable ardeur, le travail préparatoire est moins indispensable et il est plus sage de s'en remettre à leur bonne origine et à leurs qualités naturelles, que de prétendre quand même les soumettre à une mise en forme rigoureuse et persistante.

Le trotteur qui vient en forme au poteau de départ et qui fait une bonne course, ne sera point cependant, ainsi que nous l'avons dit précédemment, dans la condition du cheval de galop, il aura plus de gros, plus d'état. Il semble donc, tout d'abord, moins difficile de le conserver en forme que ce dernier. En effet, il en serait ainsi si l'on pouvait continuer les exercices sévères sans inconvénients pour la conservation

des membres. Un repos relatif étant obligatoire
et le jeune cheval étant enclin à reprendre vite
son état, il faut s'arranger pour alterner les
exercices et les promenades au pas prolongées,
et, au besoin, avoir recours aux suées sans leur
donner cependant un caractère trop sérieux.

Si le succès de la première course a été un
encouragement et la rémunération d'une bonne
et intelligente préparation, il peut devenir, par
contre, un écueil en excitant outre mesure une
ambition dangereuse. L'entraîneur veut monter
trop vite les degrés d'une échelle de forces
croissantes que le temps et les années peuvent
seules lui faire franchir. Un jeune cheval sur-
mené et trop pressé dans son travail, pendant
l'intervalle des courses, s'épuise et s'éteint graduellement au point d'être inférieur à lui-même
à la fin de la saison. Il a besoin alors de six
mois de soins réparateurs, et lorsqu'on recommence au printemps suivant le training, on retrouve les traces indélébiles de l'usure préma-
turée, on craint le retour des défaillances, la
confiance se perd et la mise en condition, au
lieu d'être plus facile et plus prompte, se produit dans de mauvaises conditions. Les tares se
manifestent, les membres sont engorgés, les
molettes apparaissent, les boulets sont gros, les
articulations sont douloureuses, bref, l'aspect
général du sujet révèle une usure précoce à la-

quelle les moyens pharmaceutiques ne peuvent plus porter remède. ·

La science de l'entraîneur consiste donc à savoir attendre et à seconder la nature. L'entraînement du cheval fait et surtout de celui qui a déjà été mis en forme, est à tous égards moins compliqué; on sait à l'avance ce qu'il a fait, ce qu'il peut faire, on connaît son tempérament, son caractère et l'examen de ses membres dicte aussitôt la conduite qu'on doit tenir et les précautions qu'il y a prendre. L'emploi des médecines présente aussi moins de dangers. L'animal est habitué au traitement hygiénique du training, aux suées, aux exercices dans le train; ses membres, bien qu'un peu fatigués peut-être, ont été éprouvés et peuvent supporter des efforts soutenus. L'entraîneur n'a donc besoin ni d'autant de savoir, ni de cette grande expérience qui devine, qui pressent, et peut seule diriger chacun des différents sujets dans une voie spéciale et distincte pour les amener tous au même but.

Soins hygiéniques avant et après la course.

Le jour de la course, le trotteur doit recevoir sa ration réglementaire d'avoine et celle de foin, le matin seulement, et faire une promenade au pas d'une heure au moins. La seconde ration sera mangée en rentrant ; on ne donnera que la moitié d'eau ordinaire, et lorsque l'animal aura fini son avoine, on lui mettra la muselière et le laissera dans un repos absolu jusqu'au moment de la course qui devra ainsi avoir lieu trois ou quatre heures après le dernier repas. Il est bon, au moment de la course de rafraîchir la bouche, du cheval avec de l'eau dans laquelle on verse un peu d'eau-de-vie et que l'on introduit dans la bouche au moyen d'une bouteille.

On connaît toute l'importance du grattage après les suées. Il est inutile d'en reparler après une course où, si bien préparé qu'il soit, le cheval doit être en transpiration. Ce premier soin précède un séchage rapide au torchon ; il faudra immédiatement le couvrir et le faire promener au pas dans un lieu abrité, s'il y a deux épreuves et par conséquent un intervalle d'une demi-heure, pendant laquelle le trotteur pourrait se refroidir. Si, au contraire, la course est terminée, on devra le renvoyer sans retard à son écurie où il recevra un pansage à fond. Les

jambes seront l'objet des principaux soins et
d'un massage prolongé. Si l'on craint qu'un
sol dur et inégal ait étonné les membres, il sera
bon de les frictionner avec de l'alcool camphré,
et, dans certains cas, il sera préférable encore
de se servir de bandes de toile que l'on trem-
pera dans l'eau de Knaup. On se procure chez
tous les bons pharmaciens de la poudre de
Knaup dont on met une once dans un litre
d'eau ; cette préparation astringente est la
meilleure entre toutes pour raffermir les tissus
et prévenir les gonflements ou les dilatations des
capsules synoviales. On recouvre les bandes de
toile ainsi mouillées avec des flanelles ordinaires, et, lorsqu'après cinq ou six heures on les
retire, on a soin de masser les jambes avec la
main pour rétablir ou favoriser la circulation.
Lorsque la nécessité du lavage des membres
devient nécessaire, il faut s'empresser de les
sécher complétement au torchon. Le cheval, comme il va sans dire, ne devra boire et
recevoir sa ration qu'après son dernier pansage,
c'est-à-dire deux heures au moins après la
course, et lorsqu'il sera complétement calme et
remis de la surexcitation de la lutte. On lui
fera une litière très-abondante et le soir il sera
bon de lui donner une mash cuite à laquelle
on ajoutera un peu de graine de lin et un peu
de sel de nitre. L'eau qu'on donnera à l'animal

avant sa ration ne devra pas être sortant du
puits, mais elle aura dû rester exposée au soleil
pendant plusieurs heures, ou, à défaut de cette
précaution, on y versera un peu d'eau chaude
pour en corriger la crudité. La poudre de
Knaup dans l'eau est d'un emploi précieux
pour la prompte guérison des blessures ou gonflements produits par la selle et des écorchures
de toute nature.

ENTRAINEMENT

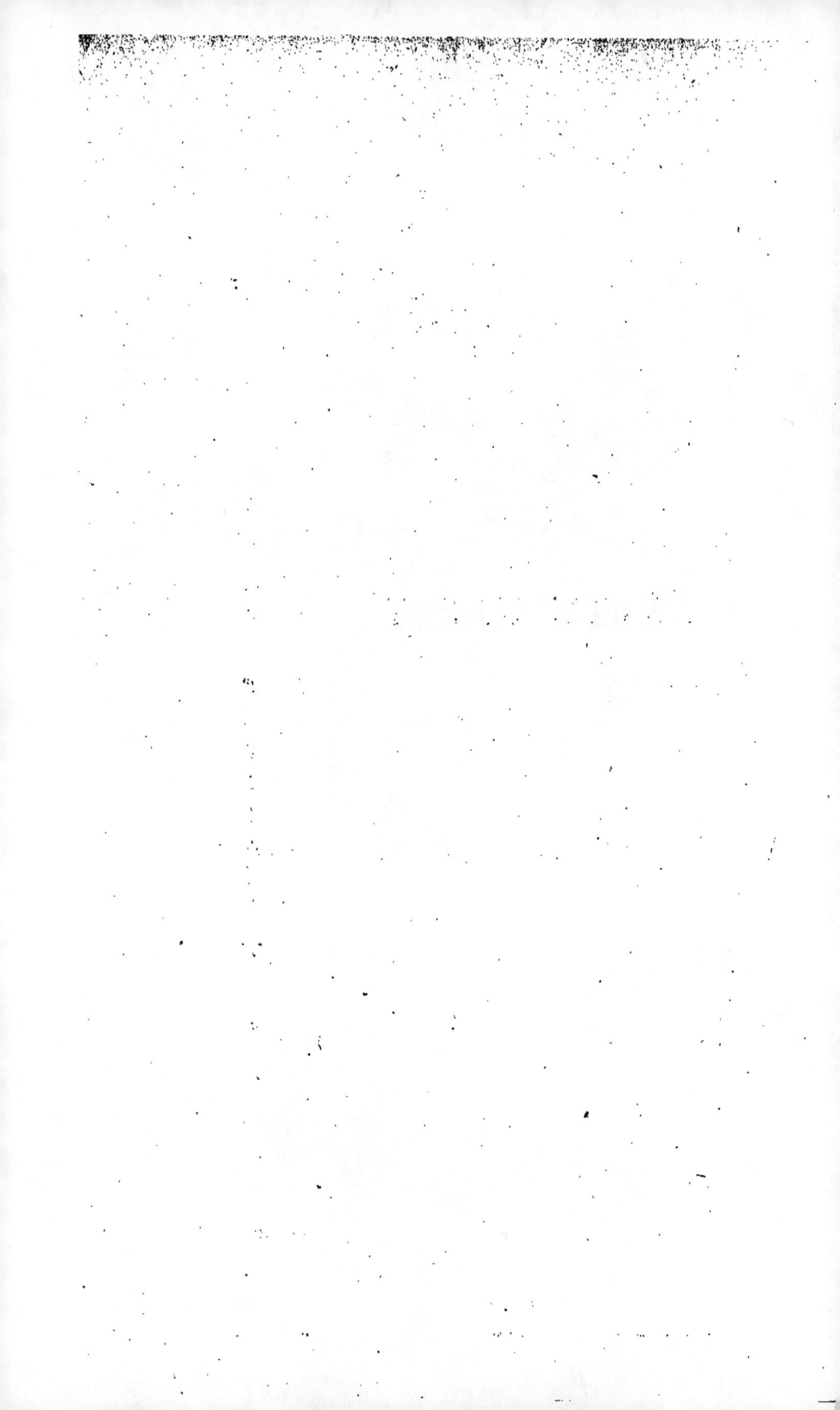

ENTRAINEMENT DES CHEVAUX QUI ONT DÉJA SUBI UNE OU PLUSIEURS PRÉPARATIONS.

Le cheval qu'on remet au training pour la seconde fois ne présente point à l'entraîneur ni les mêmes conditions ni les mêmes difficultés que le poulain. L'expérimentation de son tempérament, de ses qualités et même de sa vitesse a été complète et définitive; il n'y a plus de tâtonnements possibles, plus d'hésitations, en revanche les fautes ne sont plus excusables.

Deux cas distincts se présentent et peuvent modifier cependant la durée de la préparation.

Si le jeune cheval a été très-éprouvé par des courses trop dures ou trop multipliées, ses membres peuvent avoir souffert, et alors il devra être placé, après lui avoir enlevé ses fers, dans une box spacieuse dont le sol sera recouvert d'une épaisse couche de sciure de bois mélangée avec du tan. Telle sera sa litière jusqu'au printemps suivant, et ce sera pendant la saison rigoureuse qu'il faudra recourir aux onguents et aux frictions de diverse nature pour redonner aux membres la force et la résistance qu'ils ont momentanément perdues. Il va sans dire que le régime sera entièrement changé; que la ration d'avoine sera réduite de moitié

9

au moins, et que, par des mashes de la graine de lin et de fréquents barbotages, on s'efforcera de rafraîchir le jeune animal qui ne pourra avoir d'autre exercice que celui que lui permettra sa box, ou ce qui vaudra mieux, un paddock bien clos et sablé où il pourra prendre ses ébats sans fatigue pour ses membres.

Si au contraire le jeune cheval, à la fin de sa saison de courses, est rentré sain et conservé dans ses aplombs, on réduira modérément sa ration, et chaque fois que le temps le permettra, on lui fera faire de longues promenades exclusivement au pas, on le remettra à quelques exercices de manége, dans une carrière sablée. Des voltes au pas et au petit trot cadencé, quelques pas de côté, un peu de reculer et l'assujettissement à une position de tête régulière, compléteront la première éducation et rendront l'animal plus souple et plus calme à la reprise des exercices. La gymnastique équestre appliquée avec discernement développe la force et tend à répartir utilement le poids ; l'abus du manége, des allures forcées et trop assujettissantes use prématurément, et appelle l'incertitude dans les mouvements.

On comprend sans peine qu'un cheval, qui peut passer son hiver dans de telles conditions, ne donne que bien peu de soucis lorsque les beaux jours sont venus et que l'on veut re-

prendre son training, tandis que l'animal qui
a passé son hiver dans un repos presque absolu,
qu'il a fallu astreindre à un nouveau régime
pour le soumettre ensuite aux médicamentations
de tout genre, a besoin d'un mois ou même
de six semaines pour reprendre de la force
et par conséquent de la chair résistante. On
l'a débilité, il faudra le tonifier à nouveau, et,
comme ses membres ont déjà souffert, l'entraîneur aura toujours la crainte du retour de ces
accidents qui retardent ou suspendent le travail.
Que de ménagements, dès lors, pour arriver à
une belle préparation ! Que d'incertitudes sur
l'issue d'un travail où l'on doit avoir à chaque
instant en vue la conservation des parties
faibles.

Ainsi que nous l'avons dit plus haut, le trotteur, ménagé dans son premier entraînement,
doit s'améliorer chaque année, non pas sous
l'influence d'exercices plus sévères, mais bien
de lui-même et lorsqu'il arrive à la condition ;
or cette condition sera d'autant plus promptement acquise, que l'animal aura été l'objet de
plus de soins pendant la saison rigoureuse.

L'exercice, jusqu'à ce que la ration graduellement augmentée ait atteint son maximum, ne
consistera qu'en promenades au pas régulier,
alternativement contenu, cadencé, et celui que
j'appellerai *détendu*, c'est-à-dire sans que l'animal

ressente l'action modératrice de la main et impulsive des jambes. Le cheval, devenu ferme et musclé, commencera sans danger ses exercices au trot régulier, sans être vite. Les reprises seront d'environ 500 mètres et pourront être renouvelées quatre ou cinq fois dans un même exercice, mais toutefois, ce travail ne se reproduira pas tous les jours. Autant que le temps le permettra, les promenades au pas seront réservées pour l'après-midi. Elles n'ont jamais d'inconvénient et ont l'incontestable avantage de hâter la condition et de fortifier le tempérament. Ai-je besoin de dire que cet exercice journalier et prolongé dispense généralement l'entraîneur de recourir aux médecines et aux suées fréquentes qui demeurent, à notre avis, un des inconvénients pour ne pas dire un des dangers du training des trotteurs.

Il est bien entendu que les reprises dans le *train* ne trouveront leur utilité que dans les derniers quinze jours de la préparation et ne seront que de courte durée. Elles ne devront se renouveler qu'une fois ou deux par semaine, et nous déconseillons les essais de vitesse qui sont désormais inutiles et tournent le plus souvent au détriment du trotteur qu'on se propose d'amener à son maximum d'effort. La plupart des propriétaires et même des entraîneurs sont enclins à chercher dans l'essai une première satisfaction, et à baser sur lui leurs espérances et leurs chances dans les paris. Mais l'expérience a démontré l'inanité de ces essais, et l'homme dont l'œil est exercé doit, sans recourir à ce moyen, juger l'accélération de la vitesse et connaître à l'avance, à bien peu de choses près, le temps que son cheval peut battre selon l'étendue du parcours, puisqu'il connaît son degré de sang, sa résistance au travail et la tenue qu'il déploie dans les reprises successives de ses exercices.

Il nous suffit de répéter en terminant que le trotteur bien exercé, mais amené au poteau, plutôt au-dessus qu'au-dessous de la condition, surprendra toujours agréablement son propriétaire.

MÉDICAMENTS & RENSEIGNEMENTS

MÉDICAMENTS ET RENSEIGNEMENTS.

Breuvage pour les coliques ou tranchées.

Laudanum. . . . . .   5 grammes.
Ether sulfurique. . .   10   —
Infusion sureau. . . . 500   —
Pris en une fois.

Friction pour coups ou contusions.

Hydrochlorate d'ammoniac.   30 grammes.
Vinaigre distillé.   250   —
Esprit-de-vin.   150   —
Friction une fois par jour.

*Liniment pour efforts de boulet et claudications
de l'épaule.*

Trois parties égales.
    Alcool camphré.
    Essence de térébenthine.
    Ammoniac.
Agiter la bouteille, frictionner le boulet sans
faire couler le liniment dans le paturon. La

friction peut durer 5 ou 6 minutes, mais ne devra jamais faire tomber le poil ni rougir la peau. Le jour suivant si l'effet a été insuffisant, il faut imbiber la partie frictionnée sans frotter. L'animal demeurera dans un repos absolu pendant 5 ou 6 jours, puis il sera promené en main. Les croûtes devront tomber d'elles-mêmes à la longue. Pour boîteries de l'épaule, faire transpirer le cheval sous les couvertures et appliquer le liquide en massant fortement toute la région avec le plat de la main pendant au moins 10 minutes. Repos absolu jusqu'à ce que la claudication ait cessé.

Pommades pour crevasses.

Sous-acétate de cuivre.	10 grammes.
Sulfate de zinc.	10 —
Vinaigre.	15 —
Axonge.	100 —

Appliquer tous les jours après avoir lavé avec de l'eau de savon.

Capelets.

Frictionner pendant 8 jours avec du savon noir pur et sans eau, interrompre lorsqu'il se forme des croûtes et les laisser tomber, puis recommencer jusqu'à disparition du capelet. La friction doit être chaque jour de 10 minutes à 1/4 d'heure.

Jardons et suros.

Emploi de l'onguent rouge. Se le procurer à la pharmacie anglaise de Roberts, 23, place Vendôme. Echauffer la partie par une friction avec la brosse et la main. Employer l'onguent avec un tampon de laine, frotter légèrement, mais pendant 20 minutes au moins, selon l'épaisseur de la peau et le degré de sang pour faire pénétrer l'onguent, puis n'y plus toucher et laisser l'animal au repos pendant plusieurs jours.

Fourbure.

Terre glaise. . . .	100	grammes.
Sulfate de fer. . .	20	—
Vinaigre.	100	—
Eau froide.		

En faire un cataplasme dont on enveloppe le sabot et qu'on arrose fréquemment d'eau froide.

Gonflement des membres.

Purgation (Pilules pour âge), pharmacie Roberts et Cᵉ, où poudre de Knaup. Une once dans un litre d'eau. Tremper les bandes de toiles dans le liquide et en entourer les jambes. Les renouveler quand elles sont sèches. Ne pas serrer les bandes.

Onguent de pied ordinaire.

Cire jaune. . . . . 500 grammes.
Axonge. . . . . . 500 —
Huile d'olive. . . . 500 —
Térébenthine. . . 500 —
Goudron. . . . . . 100 —

*Onguent pour activer la végétation et la
régénération du pied.*

Cet onguent dont nous avons constaté les merveilleux résultats se trouve à Paris, aux Champs-Élysées, chez MM. Léné et Janson, selliers, nos 95-97.

Il s'emploie par friction journalière autour de la couronne.

5 à 10 minutes de friction.

Vessigons, molettes, distensions des capsules.

Le feu Chapard ou vésicatoire fondant et résolutif ne laissant aucune trace se trouve au dépôt général chez M. Chapard, médecin-vétérinaire, à Chantilly (Oise), et chez M. Hugot, 19, rue Vieille-du-Temple, Paris. Nous recommandons cet onguent comme le plus efficace pour remettre les membres éprouvés par les courses.

Mode d'emploi.

Il y a trois feux ou vésicatoires Chapard : le numéro 1 ou fort, — le numéro 2 de force moyenne, — et le numéro 3 ou faible. Pour leur usage, raser le poil à moitié de sa longueur, et frictionner pendant un temps qui variera de 1 à 5 minutes, suivant la puissance de l'effet que l'on cherchera à obtenir ; mais, après l'opération du feu, ne jamais employer que le numéro 3 ou faible et ne frictionner que l'espace d'une minute.

Médecines de toute nature.

S'adresser à la pharmacie Roberts et Cᵉ, 23, place Vendôme.

Indiquer l'âge du cheval.

Dartres et boutons.

Lotions journalières avec le phénol Bobœuf étendu de 3/4 d'eau. On se sert d'une éponge pour ce lavage. (Se trouve chez tous les pharmaciens).

Cataplasme pour un effort de boulet.

Saindoux. . . . 500 grammes. Faire fondre.
Farine. . . . . 500 —

Démêler la farine dans la graisse, y ajouter

une bouteille de vin blanc, le verser lentement
en remuant continuellement, et, laissant sur un
feu doux pendant 1 heure, ne pas laisser bouil-
lir. Appliquer ce cataplasme entouré d'un linge
fin et le laisser 6 heures, le retirer pour le faire
chauffer et le remettre ainsi 3 ou 4 fois de
suite.

Guérison des chevaux couronnés (1).

« Dans l'hiver de...., un des chevaux de mon attelage à quatre avait glissé et était tombé si violemment qu'il avait les deux genoux en sang. Je fis immédiatement conduire le pauvre animal à son écurie et commençai son traitement de la manière suivante :

Je pris une cuillerée de teinture-mère d'arnica que je versai dans huit cuillerées d'eau tiède que je mis dans une bouteille, afin de pouvoir les remuer vivement pour obtenir un mélange complet. Je commençai à laver et à tamponner les plaies avec une petite éponge jusqu'à ce qu'elles fussent complétement propres et que le sang eût cessé de couler. Après quoi, j'appliquai sur ces plaies une compresse de ouate imbibée du liquide, et je la fixai avec un bandage de flanelle. On put remarquer, après ce premier traitement externe, combien la sérosité devenait épaisse, et combien les bords de la plaie se rapprochaient sans qu'il se produisît de suppuration.

A l'intérieur, j'administrai cinq gouttes de teinture d'arnica versées sur du pain à chanter

---

(1) Extrait du *Sport illustré* (gazette allemande).

et placées ensuite sur la langue de l'animal. Au bout d'une heure, il chercha à manger. Deux heures après, les compresses furent de nouveau imbibées d'eau arniquée, et je redonnai cinq gouttes de teinture à prendre de la même manière.

Le jour suivant le cheval était gai et dispos. On renouvela les compresses trois fois et les gouttes furent administrées à l'intérieur une heure avant et une heure après le repas.

Les plaies des genoux, grâce aux compresses et aux gouttes données à l'intérieur, se guérirent d'une façon merveilleuse et si prompte, qu'au grand étonnement de mes gens d'écurie, l'animal fut en état de travailler après une semaine de repos.

Il a été fréquemment démontré par l'expérience que l'emploi de l'arnica à l'extérieur et à l'intérieur non-seulement calmait les plaies, mais encore en amenait la rapide guérison, et c'est à nos homœopathes autrichiens que nous devons d'avoir démontré dans l'empire que cette teinture avait la propriété d'amener la guérison prompte et sûre des animaux domestiques. »

L'auteur.— Nous avons fait nous-même l'application de l'arnica sur les plaies récentes

qui, chez le cheval, ne se cicatrisent qu'après
une plus ou moins longue suppuration, et nous
avons obtenu les résultats les plus étonnants et
les plus concluants. Un propriétaire de chevaux
doit toujours avoir dans sa pharmacie une bouteille de teinture-mère d'arnica et la prendre de
préférence dans les bonnes pharmacies homœo-
pathiques.

TABLE DES MATIÈRES

www.ingramcontent.com/pod-product-compliance
Lightning Source LLC
Chambersburg PA
CBHW030941210326
41519CB00045B/3706